子どもを壊す食の闇

山田正彦
Yamada Masahiko

河出新書
066

目次

まえがき

「冬来たりなば春遠からじ」という諺があります。

日本の現在の食をめぐる状況は、まるで真冬のようなゾッとする寒さを感じます。

発がん性があるとして世界49か国が禁止規制している除草剤ラウンドアップを、日本だけが野放しにし、ミツバチの大量死で神経系に異常をきたすことが明らかになってきたネオニコチノイド系農薬も、いまだに空中散布を続けています。食品添加物の規制緩和や、表示が消されようとしている問題も深刻です。改定種苗法で自家採種禁止の取り締まりがいよいよ始まります。

また、気になるのは、文科省が2022年に発表した「通級による指導を受けている児童生徒数が16万4693人と急増していて、そのうち10万人はこの10年間で増加している」との調査報告です。

日本はどうしてこのような状況になったのでしょうか。

調べれば調べるほど、その大きな要因に「食」の問題があるような気がしてならないのです。そして農薬、食品添加物、種などの問題は、日本がアメリカと交わしたＴＰＰ協定サイドレターによることが明らかになってきました。

世界の流れは変わりました。ＥＵではあと7年でこれまでのケミカル農業からすべての農地の25％を有機栽培にします。アメリカも目覚ましいスピードで有機栽培に転換しています。この10年で、世界全体で遺伝子組み換え農産物は頭打ちになり、有機栽培が伸びているのです。

このような世界のオーガニックへの潮流は、いくら多国籍アグリ企業が巨大な資本をもってしても、もう止めようがありません。

変化を起こしていくキーとなるのは、学校給食の無償化・有機化です。

2年前に学校給食を無償にしている市区町村は36しかありませんでしたが、現在では約3割が無償にしています。国会で野党が学校給食無償化法案を提出、自民党も検討を始めました。

一般に有機／オーガニックというと、価格が高くて特別なこだわりを持った人が選ぶものだという意識がまだあると思います。ですが、無償化になれば父兄への負担はないので、韓国のように一気に有機栽培へと進みます。学校給食では有機の食材を市価の2〜3割以上の価格で購入していますが、そうなれば高騰している化学肥料・農薬のいらない有機栽培に取り組む農家が増え、日本の農業が大きく有機栽培に変わっていくはずです。

本書では、農薬大国から全国で無償有機給食化を果たしたお隣の韓国や、日本全国の地方の成功実例を多数紹介しています。

実際の先行例を参考に、私たちひとりひとりが全国のどこにいても起こせるアクションがあることを知っていただき、動き出せることを目指して本書を書きました。

子どもたちの未来は、私たちひとりひとりの大人の責任です。

私たち市民に今できること、そして、小さな声でも諦めずにあげ続けていけば、いずれは大河となって食の巨大な闇に立ち向かうことはできます。

私はそう確信しています。

第一章

農薬づけの日本の食卓

きっと多くの方は、「日本の食は安全だ」と信じておられるのではないでしょうか。

しかし、各国に比べて日本は、許可されている農薬の種類が多く、農薬の残留基準値もかなりゆるい。そのうえ食品添加物の種類も世界でもっとも多く、諸外国では規制されている添加物でも、日本では使用され続けているものも少なくありません。それればかりか、EUでは「安全性が確立されていない」として遺伝子組み換え食品と同じ規制をしており、アメリカですら事実上販売中止されているゲノム編集食品が、日本ではトマト・タイ・フグについては既に販売を始めています。

山積みされて売られている除草剤の正体

第一章で知っていただきたいのは、「いかに日本が農薬大国であるか」という現実です。次ページのグラフを見てください。

日本は農地単位面積あたりの農薬使用量がOECD加盟国の中で第1位です。その状況を、もっともよく表しているのが、日本で頻繁に使用されている除草剤の主成分、グリホサートの扱い方でしょう。

グリホサートと言われても、耳慣れない方もいらっしゃるかもしれません。

日本では、「ラウンドアップマックスロード」（日産化学）とか「ネコソギ」（レインボー

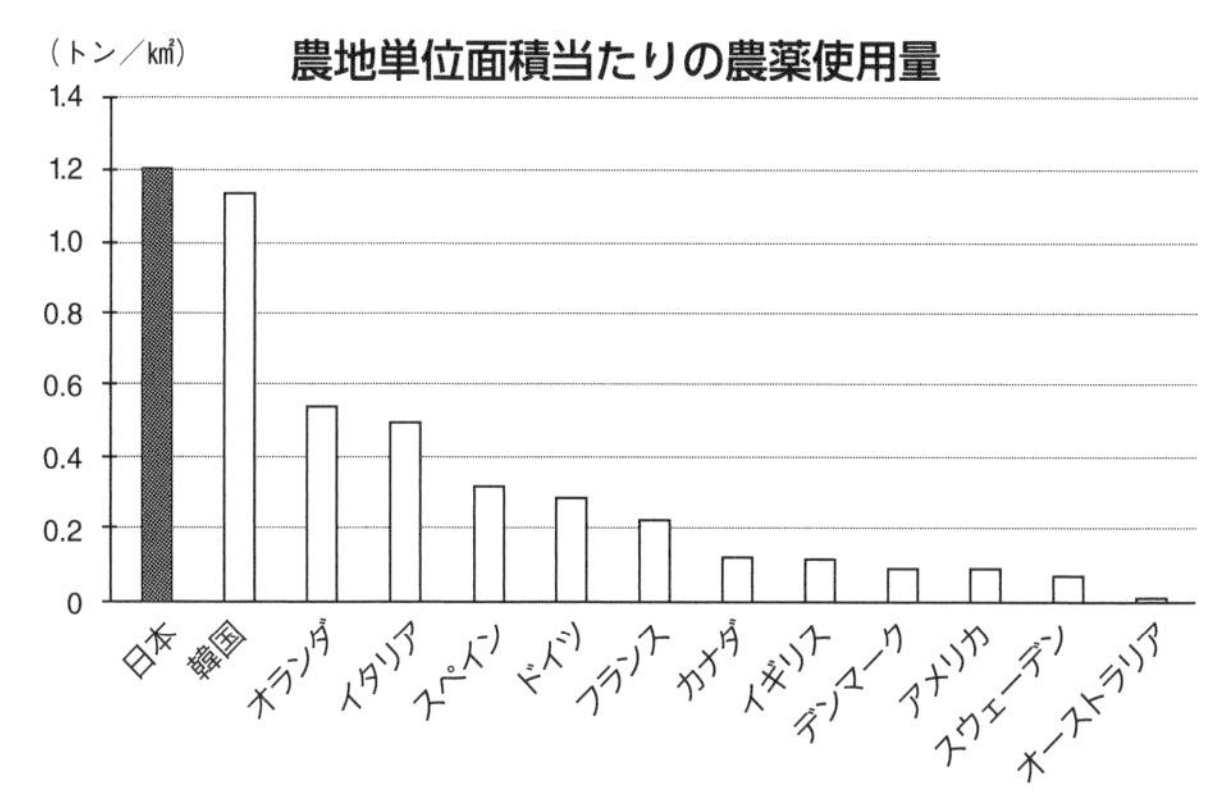

OECD加盟国の2015年データより。中国はOECDに加盟していない

薬品）、「サンフーロン」（大成農材）といった商品名の除草剤が、ホームセンターやネット通販などで多数販売されています。グリホサートとは、いま挙げた除草剤に含まれている主成分の名称なのです。

ラウンドアップは１９７４年にアメリカのモンサント社（2018年6月にドイツの製薬・化学大手のバイエル社が買収、以下モンサント社）が発売して以来、世界中で１０００万トン近く使用されてきました。日本でも１９８０年に農薬登録されて以来、もっとも使用量の多い除草剤です。

実は、この主成分のグリホサートは、２０１５年に世界保健機関（ＷＨＯ）の外部研究機関である、国際がん研究機関（ＩＡＲＣ）が、「ヒトに対しておそらく発がん性がある」と結論付けて問題になりました。

ＩＡＲＣは、発がんのリスクを4段階に分類しており、「ヒトに対しておそらく発がん性がある」というのは、グループ2Aに入ります。これは、タバコなどが分類されているグループ1の「人に対して発がん性がある」に次いで高いのです。動物実験では、ほぼ確実にがんになるとされています。これは、ドキュメンタリー映画『食の安全を守る人々』（監督・撮影・編集　原村政樹／プロデューサー　山田正彦）のなかで、ロバート・ケネディ弁護士も私に述べていることです。

この発表を受けて、メーカーのモンサント社に対する訴訟が相次いで起こり、世界各国ではグリホサートが主成分の除草剤の使用が禁止になったり、段階的に禁止になったりという措置が進んでいます。

次ページの表のように、国として禁止を決めたのは、コロンビア、ルクセンブルク、ドイツ、オーストリア、チェコ、フランス、マルタ、フィジー、トーゴ、中東の6か国など。規制や、禁止する方向に進んでいるのは、イタリア、タイ、ベトナム、メキシコなどの国です。州や市レベルでは、カリフォルニア州、カナダの8つの州、イギリスのエジンバラ市、オーストラリアのビクトリア州、インドの5つの州などが使用を禁止・規制しています。私が聞いたところによると、韓国では、ラウンドアップは登録されたものの使用は一切禁止されています。

各国のグリホサート禁止・規制の動き

2015	5月	コロンビアは、グリホサートを主成分とする製品の散布禁止を決定
	10月	英国・エジンバラ市議会は、グリホサート排除に向けて総合的病害虫管理(IPM)の試験的導入と、結果がよければ段階的にグリホサートの排除を決めた
2016	6月	スイス小売最大手ミグロス社はグリホサートを含む製品の販売中止を決め、店頭在庫の撤去を始めた
	8月	イタリア保健省は、公園や市街地、学校、医療施設周辺などでのグリホサートの使用禁止、農業での収穫前の散布禁止を決定
2017	1月	マルタはグリホサートとポリエトキシ化牛脂アミン(補助剤)を含む除草剤の販売を禁止し、4月に完全使用禁止
	9月	フランスは、22年までにグリホサートを禁止する方針を発表
	10月	中東・湾岸協力会議(GCC)加盟6か国(アラブ首長国連邦、バーレーン、クウェート、オマーン、カタール、サウジアラビア)は、グリホサートを禁止
		欧州謙会は、22年までに呉業用グリホサートの使用禁止を求める決議を採択
	12月	EU加盟6か国(フランス、ギリシャ、ルクセンブルク、ベルギー、スロベニア、マルタ)の農業・環境大臣は連名で、EU委員会にあててグリホサートの段階的禁止計画の策定要請の書簡を提出
2018	9月	チェコは19年から、収穫前の乾燥目的の使用も含めグリホサートを全面的に禁止することを発表
2019	3月	欧州司法裁判所は、欧州食品安全機関(EFSA)がグリホサートの健康リスクに関するすべての文書を公開しなければならないと判決
		ベトナム政府農業・農村開発省は、アメリカでのグリホサート訴訟の陪審評決を受けてグリホサートを含む除草剤の輸入を禁止
	5月	インド・ケララ州は除草剤グリホサートの販売を禁止。パンジャブ州など4州に続く5番目
	6月	オーストラリア・ビクトリア州環境水資源計画局は公共用地でのラウンドアップを含むグリホサートの使用見直しを開始
	7月	オーストリア国民議会はグリホサートの全面禁止法案を可決
	9月	ドイツ連邦政府は、23年末までにグリホサートを全面禁止にする方針を決定
	12月	フランスは流通量の4分の3に相当する36種類のグリホサートを含む農薬の登録取消を発表
		トーゴ共和国農業畜産水産大臣は、グリホサート製剤の輸入、販売、使用の禁止を命令
2020	1月	アメリカ食品大手のケロッグ社は、原料の小麦やオート麦における乾燥目的のグリホサートの収穫前散布を25年までに段階的に取りやめるよう取り組んでいると明らかにした
		ルクセンブルク農業省が20年末のグリホサート禁止を発表
	3月	フィジーはグリホサート禁止を20年12月31日からと決定
	4月	タイ国家有害物質委員会は、コロナ禍を理由とした産業界からの延期要求を退け、グリホサートの使用規制強化を予定通り実施すると決定
	6月	メキシコ環境天然資源省は、24年までにグリホサートを禁止するために段階的に使用削減に取り組んでいるとの声明を発表

ＮＨＫ「クローズアップ現代」（２０２０年10月22日放送）でも、世界49か国が一部の除草剤を禁止していると報道しています。

しかし、日本ではまったく「なにごともなかった」かのように無視され、以前と変わりなく使用や販売がされ続けているのです。

それどころか、厚生労働省はグリホサートを含む農薬を使用しやすくするために、２０１７年12月25日、グリホサートの残留基準値を大幅にゆるめてしまいました。

小麦では、５ｐｐｍから６倍の30ｐｐｍに。とうもろこしは、１・０ｐｐｍから5ｐｐｍと5倍に。そばは、０・２ｐｐｍから、なんと１５０倍の30ｐｐｍに……。

ＩＡＲＣが発がん性を認め、各国で使用禁止が進んでいるなかで、日本だけが残留基準値を上げるなんて、おそろしいと思いませんか。

これだけ見ても、日本がいかに世界の流れに反した農薬大国であるか、わかっていただけると思います。

学校給食のパンからもグリホサートが検出

残留基準値を高くしたということは、つまり私たちは日々、輸入の小麦や大豆による食品などでグリホサート入りの食品を食べているということです。

その証拠となる驚くべき深刻なデータがあります。

農民連食品分析センターで、２０１８年から20年にかけて、市販されている小麦粉類や市販のパン、及び学校給食のパンなどを順次調査したところ、続々とグリホサートが検出されました。

日清フーズの「日清全粒粉パン用」からは、１・１０ｐｐｍのグリホサートが。山崎製パンや、敷島製パン、フジパンといった大手メーカーの食パンからも、０・０７ｐｐｍ〜０・１８ｐｐｍのグリホサートが。さらには、なんと学校給食のパンからも、０・０３〜０・０８ｐｐｍのグリホサートが検出されているのです。

これほど小麦からグリホサートが検出されているのは、日本が輸入大国で、小麦の約９割をアメリカ（49・８％）、カナダ（33・４％）、オーストラリア（16・８％）から輸入していることと深く関係しています。

アメリカやカナダでは、小麦や大麦などの収穫直前に除草剤を撒き、まだ未熟な小麦も含めていっせいに枯らすことで製品にしています。また、小麦を枯らすことでコンバインの負担を軽くして、収穫しやすくするという意図もあります。これを〝プレハーベスト農業〟と呼んでいます。このときに、当然のことながら多くのグリホサートが小麦に付着して、芯まで浸透してしまうのです。

これに加えて、〝春小麦〟を使用していることも原因のひとつです。

春小麦とは、秋にタネを撒いて翌春に収穫する一般的な冬小麦とは異なり、春にタネを撒いて秋に収穫する小麦のことです。日本が8割以上を輸入している北米やカナダなどの寒冷地では、この春小麦が主流です。冬小麦とちがって、雑草や害虫の多い春先に育てなければならず、収穫前に寒波が来ると困るため早く枯らしているのです。

日本が2017年にグリホサートの残留基準値を大幅に上げたのも、アメリカ政府を通じてモンサント社など多国籍アグリ企業からの圧力によって、アメリカなどからの輸入を受け入れやすくするためだと考えられます。

遺伝子組み換え作物は除草剤を撒いても枯れない

問題は、モンサント社が開発したグリホサートが〝遺伝子組み換え作物〟と切っても切れない関係にあるという点です。

1974年にモンサント社が販売した、グリホサートを主成分とするラウンドアップは、1990年代後半に入ると急速に世界でシェアを拡大していきます。そのきっかけは、モンサント社がラウンドアップを散布しても枯れない、ラウンドアップに耐性を持つ遺伝子を組み入れた新しい〝遺伝子組み換え作物〟を開発したことでした。

ラウンドアップは、すべての農作物や雑草を無差別に枯らせてしまうので、当然、畑に撒けば雑草だけでなく育てている作物まで枯らせてしまうことになります。しかし、育てている作物まで枯れることがないように、ラウンドアップを散布しても枯れない、遺伝子組み換え作物を開発したのです。

こうして、ラウンドアップに耐性のある大豆やトウモロコシ、なたねなどの栽培が1996年頃から始まり、これ以降、遺伝子組み換え作物をラウンドアップとセットで販売することで急激にシェアを広げていきました。

農林水産省が2019年に調査したデータによると、世界で遺伝子組み換え栽培が行われている作物は、多い順から大豆、トウモロコシ、ワタ、西洋なたね。作付け面積が多い国は、アメリカ（7500万ha）・ブラジル（5130万ha）・アルゼンチン（2390万ha）・カナダ（1270万ha）・インド（1160万ha）と続きます。小麦や大麦では、いまのところ遺伝子組み換えは認められていません。

ちなみに、日本国内でも大豆やトウモロコシ、西洋なたね、ワタなどの約140種類の遺伝子組み換え作物については、いつでも作付けできるようになっていますが、今のところ商業栽培はされていません。農家はこれまで表示義務があったので、流通するまでに至らなかったのです。その代わり海外から年間数千万トン輸入しており、日本は世界でもっとも遺伝子組み換え作物を消費している国のひとつなのです。

たとえば大豆ひとつとっても、国産はわずか7％で、残りは、アメリカ、ブラジル、カナダなどからの輸入に頼っています。それぞれの国における遺伝子組み換え大豆の作付け面積比率は90％を超えていることを考えると、当然、日本国内に流通している大豆のほとんどが遺伝子組み換えであることは明白です。

残留値に合わせて基準をゆるめる

毎年ラウンドアップを散布し続けるとラウンドアップに耐性のある雑草が出現するようになります。アメリカではそのようなスーパー雑草が問題になっています。耐性ができた雑草を枯らすためには、何度もラウンドアップを撒かねばならないため、より多くグリホサートが残留するようになるのです。それでも流通させようとすると基準値のほうを引き上げるしかありません。

分子生物学者で「遺伝子組換え食品を考える中部の会」代表の河田昌東（かわたまさはる）さんは、名古屋大学に長い間助手として勤務され、モンサント社が日本でラウンドアップ耐性大豆を販売する際に提出した5000ページにも及ぶ「安全審査申請書」を、新幹線で東京に通って複写し、分析しました。

その申請書の最後のほうには、「ラウンドアップを散布して栽培すると、グリホサートの残留濃度が基準値を超えるので、基準値を上げるべきだ」と書かれていたのです。

つまり、企業側から圧力がかかって、日本政府はそれに従ったのです。

アメリカ政府も、ラウンドアップ耐性大豆の栽培を禁止しないどころか、遺伝子組み換え作物が輸出できなくなることを恐れて海外の輸出国に残留基準値の緩和を要求しています。

知らず知らずのうちに口にしている遺伝子組み換え作物

もうひとつの問題は、大量に輸入されている遺伝子組み換え作物を、私たちが知らず知らずの間に口にしているということです。

トウモロコシ、大豆、なたね、ワタなど、日本には現在、輸入や販売・流通が許可されている遺伝子組み換え作物が8種類あるのですが、本来、遺伝子組み換えであれば「遺伝子組換え」と表示する義務があります。当然、これらを原材料とする加工食品や、飼料として使った場合にも、すべてに表示義務を課すべきなのですが、実際はそうなっていません。

日本で流通している遺伝子組み換え作物を原材料とした加工食品群は330種類ほどあ

りますが、「遺伝子組換え」の表示が義務付けられているのは、わずか33品目のみなのです。

たとえば、豆腐や納豆、油揚げ、味噌などには表示義務がありますが、醬油や植物油などには表示義務がないのです。子どもたちが口にする菓子や甘味料などには、遺伝子組み換えトウモロコシから製造されたコーンスターチや果糖ブドウ糖液糖、水飴などが使用されることが多いですが、これも表示義務はありません。このことについて、かつて私が衆議院議員だった時代に、厚生労働省に「なぜ表示しないのか」と質問したことがあります。すると、「遺伝子組み換えDNAの痕跡やタンパク質が残らないので調べようがないから」という答弁がありました。そのとき、名古屋大学大学院医学部出身の議員である岡本充功氏が、科学的根拠を示して「遺伝子はくさりが切れても残るので検出可能だ」と述べたのですが、それ以上に議論を進めることはできませんでした。その後、2020年の遺伝子組換え表示制度に関する検討会では「検出できる」と認めたものの、一方的に「表示の必要はない」とされたのです。

一方で、食に関して厳しいEUは、すべての食品及び原材料において表示義務があります。ここでも日本は、非常にゆるい対応なのです。

「遺伝子組換えでない」という任意表示も禁止に

そのうえ、辛うじて任意で表示が認められていた「遺伝子組換えでない」という表示も2023年4月から事実上できなくなりました。

これまでは、豆腐や納豆のパッケージなどの食品表示を見ると、「大豆（遺伝子組換えでない）」などと書かれていましたが、この表示が消えるのです。

というのも旧制度では、製造段階で遺伝子組み換え大豆と、組み換えでない大豆が混じらないよう分別して生産流通を行ったうえで、それでも混ざってしまう〝意図せざる混入〟が5％以下であれば、任意で「遺伝子組換えでない」という表示をすることができました。

しかし消費者庁は、2017年度に設置した「遺伝子組換え表示制度に関する検討会」で有識者を集めて議論した結果、「多少なりとも混入しているのに〝遺伝子組換えでない〟と表示するのは消費者の誤解を招く」ともっともらしい説明をして禁止にしたのです。

しかし、この決定はおかしいものだと言わざるを得ません。

いくら厳重に管理をしても、どうしても意図せざる混入は生じてしまうため、0％にするのは事実上不可能なのです。EUでも0・9％の混入はNON－GMO（遺伝子組み換えでない）として認め、韓国なども3％未満の混入は遺伝子組み換え食品でないという表示を認めています。日本だけ意図せざる混入を認めないことは納得がいきません。

せっかくメーカーが手間も資金もかけて遺伝子組み換えでない材料を調達しても、表示できないとなると、消費者へのアピールができず販売増につながりません。もちろん、消費者の知る権利も侵害され、選択の幅が狭まってしまいます。メーカーにとっても消費者にとっても不利益なのです。

消費者のメリットを考えるべき消費者庁が、なぜこんな判断をするのでしょうか。

彼らは「遺伝子組み換えは基本的に安全である」という食品安全委員会の決定に従っていると説明します。ただ、これまでの経緯から推測すると、遺伝子組み換え作物の輸出を推進したいアメリカ政府や多国籍アグリ企業からの圧力が働いていることは間違いありません。

ミツバチの大量死で問題になったネオニコチノイド系農薬

そのほか、他国と比べ、ネオニコチノイド系農薬（以下、ネオニコ系農薬）の規制も日本は甘いのです。

ネオニコ系農薬は、その有害性で規制が進んだ有機リン系農薬に代わる「安全な農薬」として、1990年代に開発が進みました。ニコチンと似た構造をもち、浸透移行性が高く殺虫効果が長く持続するのが特徴です。散布する回数が減らせるため、発売と同時に世界各国で使用量が急増。これに伴い、全世界でネオニコ系農薬の散布による影響と思われるミツバチの大量死や失踪が問題になったのです。

これを受けてEUでは、2018年末から屋外での使用が全面禁止に。お隣の韓国も、EUに準拠して使用禁止に。イギリスも2017年11月から包括的な使用禁止に舵を切るなど規制が進んでいます。

さらに、トランプ政権下では規制が後退していたアメリカでも、バイデン大統領に代わってから規制に舵を切り始めています。きっかけとなったのは、米国環境保護庁（以下、EPA）が2022年6月16日、「クロチアニジン、イミダクロプリド、チアメトキサムという3種類のネオニコ系農薬を使用することで、アメリカ国内に生息している1700種類以上の絶滅危惧種と、800か所以上の指定生息地に悪影響を及ぼしている可能性が高い」との見解を発表したからです。

一方で日本はどうでしょうか。2021年度からようやく農薬の再評価を始めているものの、立憲民主党の長妻昭議員が国会で厳しく追及しても、再評価の結果をいつ出せるかさえいつまでたっても明らかにしません。

それどころか、EUでは、禁止されたクロチアニジンなどのネオニコ系農薬の残留基準を逆に大幅緩和したり、新たに別のネオニコ系の農薬を承認したりして、またしても世界の流れと逆行し続けているのです。

茶葉やペットボトルのお茶からネオニコ系農薬

こうした背景もあって、ネオニコ系農薬も国産の多くの農産物から検出されています。そのなかでも、とくに気になるのは日本人が好む日本茶、〝緑茶〟です。

次のような驚くべき調査結果があるので、これをみなさんにご紹介しましょう。

2019年に北海道大学の池中良徳教授らが、市販されている日本茶葉39検体と、ペットボトルのお茶9検体に含まれるネオニコ系農薬7種類を調査しました。

この7種類は、すべて日本で認可されている農薬です。

結果は、なんとすべての茶葉から7種類すべてのネオニコ系農薬が検出。ペットボトルのお茶からも、1種類を除くすべてのネオニコ系農薬が検出されました。

国産茶葉、ペットボトルのお茶両方においてもっとも検出頻度と最大濃度が高かったのは、ジノテフランという三井化学アグロが開発した殺虫剤です。

ジノテフランは、住宅のシロアリ駆除やペットのノミダニ駆除などにも使用されており、神経に作用することで殺虫効果を発揮します。

これらすべての検出値は、農林水産省が定めた残留農薬基準値は下回っていましたが、微量とはいえ、このような猛毒が毎日飲む緑茶に含まれていると考えると、おそろしくありませんか？

池中教授らの論文は、「ネオニコチノイド系農薬の一日あたりの推定摂取量は、一日摂取許容量（ＡＤＩ）を下回っているものの長期にわたって過剰に摂取することで健康に影響が出る可能性は否定できない」と締めくくられています。まったくその通りで、私も、早く規制をしなければならないと考えています。

ちなみに、池中教授らが調査したスリランカ産の茶葉からは、ネオニコ系農薬は検出されなかったそうです。

農林水産省は、日本で多量の農薬散布が必要な理由として、「夏期の気温や湿度が高く害虫や病気が発生しやすいため」との見解を示しています。しかし、スリランカは日本より気温も湿度も高い環境です。これをどう説明するのでしょうか。もういい加減、都市伝説のような理屈を繰り返すのはやめてほしいものです。

主食の米、野菜や果実、ハチミツからもネオニコ系農薬が

問題は、緑茶のみならず私たちが日々口にする主食の米や、国産の野菜や果物にも農薬が残留していることです。とくに米は、カメムシを殺すためにネオニコ系農薬をドローンなどで大量に散布しています。

一般社団法人アクト・ビヨンド・トラストが２０１４年、北海道、秋田、新潟、熊本などの米合計20検体を調査したところ、40％にあたる８検体からネオニコ系農薬のジノテフラン（０・０１～０・１５ｐｐｍ）が検出されたとレポートしています。

野菜や果実から検出されたというデータもあります。

東京都は毎年、都内で流通している国産の野菜や果実に含まれる残留農薬を調査し、公開しています。２０２０年度の「国内産野菜・果実類中の残留農薬実態調査」を見ると、２０２０年４月から２０２１年３月までに都内で流通していた国内産農産物のうち、野菜20種71作物と、果実類１種４作物について調査した結果、なんと６割におよぶ16種45作物から35種類もの農薬が検出されています。

キャベツは８作物中６作物から、きゅうりは８作物中すべてから、トマトは６作物中４作物から。ぶどうはデラウェアと巨峰を合わせた計４作中すべてから検出されました。ＡＤＩを超えるものはありませんでしたが、複数の農産物から農薬を毎日、長期間摂取していれば、その影響がどうなるか、大変こわいことです。これについては第四章で後述します。

また、２０１７年8月28日には日経新聞が、国産のハチミツやミツバチなどもネオニコ系農薬に汚染されていると報じています。この記事によると、千葉工業大学の亀田豊准教授（当時）らのグループが岩手、福島、茨城、千葉、長野、静岡、鳥取、沖縄と東京でサンプルを収集したところ、28製品のハチミツ、38地点のミツバチ、７地点のさなぎからネオニコ系農薬が検出されたのです。

亀田氏は、記事のなかでこう述べています。

「農薬によっては48時間でミツバチの半数が死ぬとされる濃度を超えていた。野生のミツバチからも高濃度で検出され、既に影響が出ている可能性もある」と。

私が民主党で農林水産大臣を務めていた２０１０年頃、ちょうど世界でミツバチが大量死しているという報告が相次ぎました。散布されているネオニコ系農薬に原因があるのではないかということで、アメリカをはじめ欧州各国は調査を進めていました。私もさっそくハチミツ業界の方々からヒアリングを行い、ネオニコ系農薬を規制すべく動き始めていたのです。しかし、ちょうど同時並行で進めていたＴＰＰ協定のなかに、食品添加物の規格基準を大幅にゆるめるという日米の間のＴＰＰ並行協議の協定書がありました。それだけが理由ではありませんでしたが、私はＴＰＰ参加に猛反対して閣議で大げんか。事実上ＴＰＰに反対して農林水産大臣を辞めることになりました。その結果、残念ながら規制しなければと思っていたネオニコ系農薬の規制を達成するには至らなかったのです。これはいまでも非常に心残りです。

ほかにもあげるとキリがないですが、子どもたちがよく飲むりんごジュースからも高い頻度でネオニコ系農薬が検出されています。堺市衛生研究所が2019年、国内外のりんごジュースに含まれるネオニコ系農薬を調査したところ、19検体中14検体から農薬を検出しています。国内産のりんごを使用した11検体からはすべて検出したのに対し、外国産からは8検体中3検体だったそうです。とくに検出頻度が高かったアセタミプリド、ジノテフラン、チアクロプリドについては、海外より日本の残留基準値がゆるいため、検出頻度が高くなっているのです。

日本茶では2500倍もゆるい基準値

なぜ、こんなにも国産品から農薬が検出されるのでしょうか。それは、除草剤だけでなく殺虫剤についても、海外と比べて日本の残留基準値がゆるいからです。

先ほど紹介した日本茶は、カテキンやビタミンなどが多く含まれていることから、健康飲料としてアメリカやEU、台湾などへ多く輸出しています。

ところが、基準が厳しいEUと比較すると、フロニカミドで800倍、ジノテフランでは2500倍も日本は基準値がゆるいのです。検疫ではねられてしまうことも珍しくなく、メーカーは輸出向けのものは残留をできるだけ少なくする工夫をしています。

日本人だけ農薬耐性が強いわけではないので、おかしいと思いませんか？

さらに日本は、世界が規制へと進むなか、逆行して2015年に基準値を上げています。春菊やレタスは5ppmから10ppmに。ほうれん草は3ppmから40ppmと10倍以上に。かぶ類の葉に関しては、0・02ppmから40ppmと2000倍にも引き上げられているのです。

第二章

表示が消される食品添加物

食品添加物大国・日本

もうひとつ看過できないのは、日本が〝食品添加物大国〟でもあることです。

日本と海外では、認められている添加物の種類が異なるので、一概に「日本のほうが使用されている添加物が多い」とは言えないのですが、海外で禁止または規制されている添加物が、日本では使用されているという例は少なくありません。

一例をあげると、イギリスで2007年、合成着色料のタール系色素が「子どもの多動性行動に関係している」という調査結果が出て、EUでは食品メーカーに警告表示を義務付け、自主的に使用を中止するよう勧告しています。子どもの発達障害が増加している背景には、農薬や添加物が影響している可能性がある、と考えられているからです。しかし日本では、特別の規制も警告もなく使用され続けています。最近では消費者庁は食品添加物も食品安全委員会が安全だとしているので「安全です」と言い始めました。

また、日本では収穫後の農産物に農薬を撒くポストハーベスト農薬は認められていませんが、海外から農産物を輸入する場合は、長期間の輸送中にカビが生えないよう防カビ剤が散布されています。

日本では認められていないポストハーベスト農薬を、輸入する農産物には認めるわけですから、どう考えても矛盾しています。私は国会（衆議院農水委員会）でも、このことを質疑したことがありました。そこで日本政府は、苦肉の策として〝農薬〟ではなく〝添加物〟として登録を認可し、輸入を認めるという無茶な措置をとりました。

日本政府は、輸出を促進したいアメリカからの強いプレッシャーに負けて、日本人の健康を売ってしまったわけです。

このように海外からの圧力に負けて、日本で許可されている食品添加物の種類は、この20年間で急増しています。戦後に食品添加物の指定制度が始まったときは57品目でしたが、1950〜60年代には約350品目に増加。その後、しばらく約330〜350品目程度で推移していましたが、2000年代に入って規制が一気にゆるめられ、470品目あまりに増えてしまいました。

また、原材料に遺伝子組み換え作物が使用されている添加物も少なくありません。たとえばパンやチョコレートなどに使用されている乳化剤の大豆レシチン、清涼飲料水などに使用されている果糖ぶどう糖液糖の多くは、原材料に遺伝子組み換えのトウモロコシが使用されています。

消費者庁は、「国が認めた添加物は安全」という前提に立っていますが、添加物の安全評価は極めてあいまいです。

安全性の評価基準となる実験は、マウスやラットなどの動物実験のみで、医薬品のようにヒトに対する臨床実験は行われていません。そのうえ、動物実験の方法もいい加減なもので、マウスに長期間投与したときに現れる慢性毒性の量を調べ、その数値に安全係数の100分の1を掛けて人間の「一日摂取許容量(ADI)」を導き出しただけなのです。

当然ながら、ヒトとマウスには大きな違いがありますし、ヒトであってもお酒に強い弱いがあるように個体差が大きい。つまり一概に、「一日摂取許容量(ADI)」以下だから安全だ、とは到底言い切れないのです。たんなる目安にすぎません。

食品添加物の「無添加」「化学調味料不使用」の表記も禁止に!?

このように、ただでさえ基準がゆるい日本の食品添加物。ところが、さらにゆるめようという動きが進んでいます。

2021年12月頃、私のところにパルシステム生活協同組合連合会の常務執行役員、髙橋宏通さんから突然連絡がありました。これまで消費者庁が広く指導してきた「無添加」「合成保存料不使用」「化学調味料不使用」などを含む、いくつかの食品表示ができなくなるかもしれない、と言うのです。髙橋さんは、こう続けました。

「消費者庁は2019年度から、食品添加物の表示制度の見直しを進める検討会を起ち上げ、有識者を集めて議論を進めてきました。私も検討会の委員の一人として参加してきましたが、このままでは、いよいよ2022年3月には正式にガイドラインの変更が決定されそうです」と。

私は大変驚きました。ちょうど、その頃、グリーンコープの河嶋敏秀さんからも同様の連絡を受けたのです。グリーンコープは、過去に一度、食品表示について消費者庁から指導があり、その際、私も相談を受けたのですが、当時から消費者庁の嫌がらせのような対応には、なんとなく不信感を持っていました。

そのような経緯もあって、私は食品添加物の表示について調べることにしました。

消費者庁の言い分は、次のようなものでした。

「最近、無添加食品の表示が広くなされていて、実際には合成保存料が使用されているにもかかわらず〝無添加〟と表示するなど悪質なものが横行している。それを取り締まって消費者のためにより正確な表示をさせるようにしたい。優良誤認になるかどうかの食品表示基準が曖昧であるため、消費者庁の取り締まりの指針として、ガイドラインの変更を検討しているところです」と。

食品表示法第4条には、「内閣総理大臣は、食品を消費者が安全に摂取し、及び自主的に合理的に選択することができる様に食品に関する食品表示基準を定めなければいけない」とあります。それに従って、食品表示基準の第9条第1項には、「実際のものより著しく優良又は有利であると誤認させる用語」を表示してはならないと書いてあります。

今回、消費者庁はガイドラインを変更して次ページの10の類型においては「優良なものと誤認されるおそれが高い」として、今後は10の類型について「これまで通りの表示を続ければ食品表示法に基づいて刑事罰も含めて取り締まることにしたい」との話なのです。

そうなれば、食品の製造業者、流通、販売に従事する者は食品の包装の表示の記載をすべてやり直さなければならなくなります。消費者にとっても大変なことです。消費者庁の調査でも、52％の人は食品表示の〝無添加〟や〝化学調味料不使用〟などの表示を見て食品を購入していることがわかっています。

これまで〝無添加〟や〝化学調味料不使用〟などの表示を見て食品を購入していた人は、今後はその選択ができなくなることになってしまいます。前述したようにもともと食品添加物には発がん性などが指摘され、使用が禁止されたものもあるため、たとえ国が「安全」としているものであっても、なるべく避けたいと思う人も多いでしょう。

消費者にとって食品の内容を知ることができなくなるのは、日本国憲法21条によって保障されている基本的人権の〝知る権利〟を侵害することにもつながります。

これまで長い間、厚労省は、無添加、化学調味料・合成保存料・合成甘味料不使用といった用語を表示として使用することを製造業者及び流通業者に積極的に指導してきたのに、

類型	表示例／類型の考え方
1	**単なる「無添加」の表示** 【例】単に「無添加」とだけ記載 無添加となる対象が不明確なため添加されていないものを消費者自身が推察することになる。これにより事業者の意図や、内容物そのものを誤認させるおそれがある。
2	**食品表示基準に規定されていない用語を使用した表示** 【例】人工甘味料不使用、合成保存料不使用、化学調味料無添加 食品添加物は化学的合成品・天然物にかかわらず原則としてすべて表示しなければならないが、消費者が「天然=良い」「人工・合成=悪い」との印象を受けやすいため「天然」は使用できず、「人工」「合成」は2020年7月に表示事項から削除されている。
3	**食品添加物の使用が法令で認められていない食品への表示** 【例】清涼飲料水に「ソルビン酸不使用※」 使用が認められていない食品への添加物不使用表示であり、「不使用」表示のないものより優れていると誤認させる。(※清涼飲料水へのソルビン酸使用は法違反)
4	**同一機能・類似機能を持つ食品添加物を使用した食品への表示** 【例】日持ち向上目的で保存料以外の食品添加物を使用した食品に「保存料不使用」、既存添加物の着色料を使用した食品に「合成着色料不使用」 同一機能・類似機能の他の食品添加物を使用しているにもかかわらず、食品添加物が添加されていない表示は消費者を誤認させる。
5	**同一機能・類似機能を持つ原材料を使用した食品への表示** 【例】化学調味料不使用、乳化剤不使用 アミノ酸を含有する抽出物を原材料に使用しながら「化学調味料不使用」、乳化作用のある原材料を加工した食品に「乳化剤不使用」と表示すると、消費者が当該原材料の機能であることがわからない。
6	**健康や安全と関連付ける表示** 【例】無添加で体にやさしい、保存料不使用で安全安心 無添加や不使用を健康・安全などと関連付けており、食品添加物が健康を損なうものと誤認させる。
7	**健康や安全以外と関連付ける表示** 【例】保存料不使用なので早めにお召し上がりください、無添加でおいしさアップ 期限表示よりも「早く食べなければいけない」と誤認させる。おいしい理由と食品添加物不使用の因果関係を説明できない場合も実際より優れていると誤認させる。
8	**食品添加物の使用が予期されていない食品への表示** 【例】ミネラルウォーターに「着色料不使用」 一般的に添加物を使用しない食品、または予期していない食品への「無添加」「不使用」表示は消費者を誤認させる。
9	**加工助剤やキャリーオーバーで使用した(または使用未確認)食品への表示** 【例】製造工程上、食品添加物使用が未確認にもかかわらず「不使用」と表示 加工助剤やキャリーオーバー(製造工程中に使用しても最終食品には含有微量のため食品添加物の効果が示されない状態)として食品添加物が使用されている場合には、原材料の製造・加工の過程確認を行うことが必要。
10	**過度に強調された表示** 【例】多くの箇所または目立つように「不使用」「無添加」と記載 表示内容が事実であれば違法ではないが、一括表示を見る妨げになっている場合は法違反とみなされる。また、一括表示欄と比較して過度に強調された文字を多用することで、食品添加物をまったく使用していないと誤認される可能性がある。

ここにきて180度転換するのはおかしいのではないでしょうか。

小さな製造業者のなかには、消費者のために自然界にある安全な食材を吟味して、化学調味料などの食品添加物を一切使わずに食品を製造しているところも少なくありません。

小さな業者が長い時間かけて鰹節(かつおぶし)を煮出して、うまみ成分を引き出しているのに、消費者庁の言い分としては、「化学調味料のアミノ酸と、鰹節から煮出したアミノ酸は、同じアミノ酸なのに〝無添加〟と表示されたもののほうが優良なものだと消費者に誤解を与えてしまう。これは、食品表示基準第9条の優良誤認に当たるのではないか」と主張しているのです。

私たちにとって納得のできるものではありません。小さな真面目な製造業者の、憲法21条で保障されている表現の自由を侵害するものになりかねないのです。

むしろ消費者庁が取り締まりをしなければならない優良誤認を与えているものは他にあるのです。2013年に公布された食品表示法第4条第1項では、すべての食品に原材料、原産地の表示義務が課されています。ところが、小麦粉について「国産」ではなく「国内製造」としているのは、これこそ消費者に国内産の小麦のことだと誤解を与えることになっています。

また、おにぎりなどの表示も、最近では合成保存料などが入っていない安全なものだと消費者に誤解を与えるような表示になっています。

最近、出張先で夜食事をとる時間がなくて夜中にお腹が減り、近くのコンビニで塩おにぎりを手に取りました。久しぶりにその表示を眺めて、驚きました。

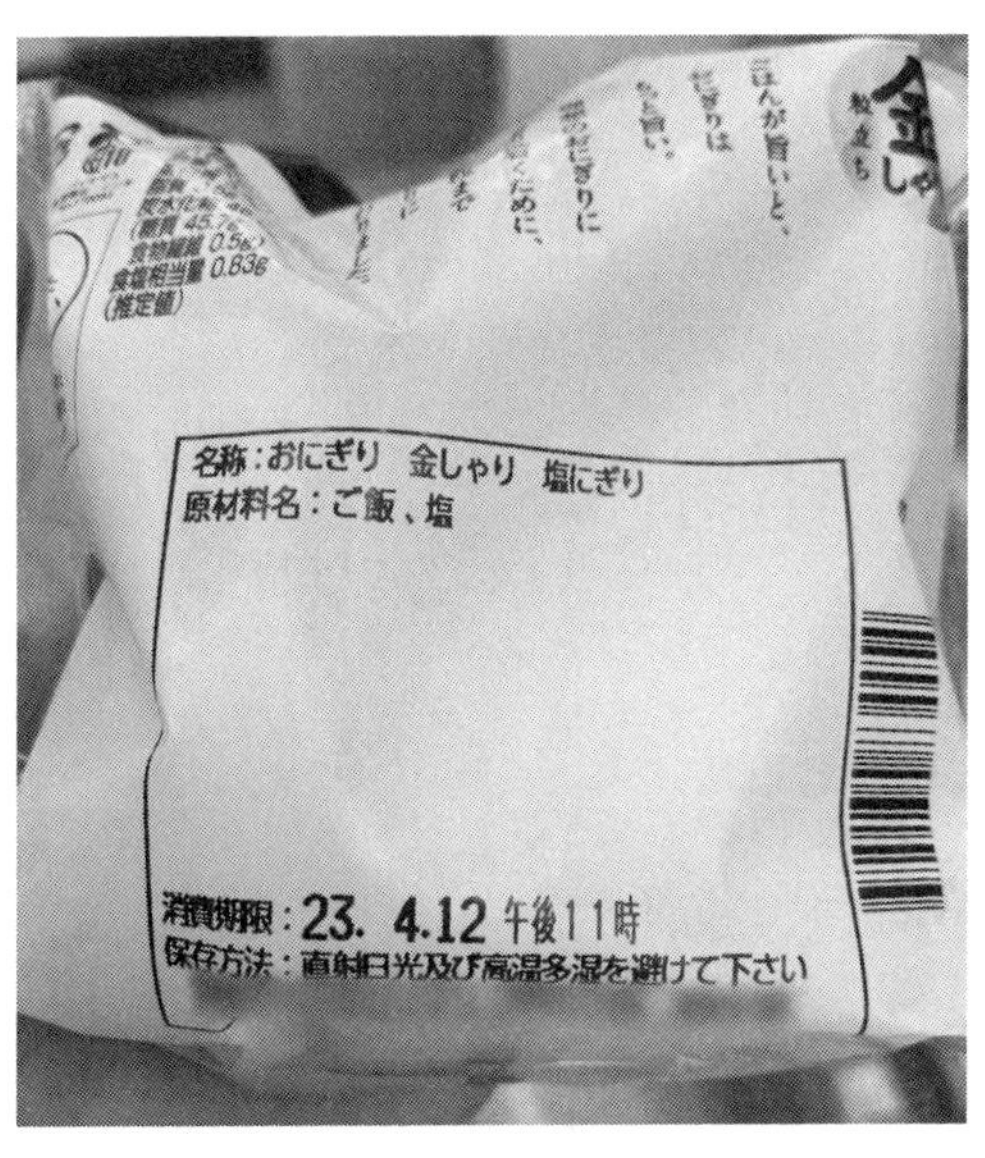

　これでは合成保存料などが使われていない安全なものではないかと考えてしまいます。

　ただ「ご飯」と表示されています。かつては、原材料のところには「米」という表示があり、そこに化学調味料やPH調整剤等の合成保存料なども記載されていました。問題は、「ご飯」の中に合成保存料や化学調味料が入っていても、「ご飯」と表示すれば、その「ご飯」に使われている合成保存料や化学調味料については記載しなくてもいいように、いつの間にかなってしまっていたことです。これこそ、優良誤認を与えてしまうもので、消費者庁としてはガイドラインを変更する前に、食品表示基準第9条に基づいて取り締まりを強化しなければならない問題だと私は考えます。

市民で食品表示問題ネットワークを組織して動き出す

なんとかしなければならない——。

日本消費者連盟顧問の天笠啓祐さんに連絡を取ると、「私どもも、消費者庁に抗議の意見書を提出しました」との返事。私の知っているいくつかの生協にも連絡をしたところ、同様に危惧していました。

余談ですが、私はこのところ健康に気を付けるようになって、有機野菜のサラダを毎日のように食べています。高知県に講演に行ったときいただいた「直七ぽんず」がすごく美味(おい)しくて、今では取り寄せてサラダにかけて食べています。そこにも、〝無添加〟の表示があったので、直七の里株式会社の柴田三朗さんに電話して事情をうかがいました。柴田さんも、「こんなおかしなことはない」と言い、霞ケ関(かすみがせき)にある消費者庁まで出かけて行って、担当者に「どうして表示ができなくなるのか」と問いただしたことを教えてくれました。しかし怒ったところでどうにもならないので、無添加の表示をやめてどのような表示にしようか、とちょうど考えていたところでした、とのお話でした。

　私たちは、こうした小さくても気概をもって良い商品を提供している製造会社や、生協、消費者連盟の方々と対策を話し合うなかで、「食品表示問題ネットワーク」を組織することにしました。

　事務局を消費者連盟において、食品添加物に詳しい原英二さんに事務局長になっていただき、ネットワークには思いを同じくする次のような団体、個人に参加していただきました。


生活協同組合あいコープみやぎ、あいち生活協同組合、生活協同組合連合会アイチョイス、(株)あいのう流通センター、(株)アレフ、一宮生活協同組合、遺伝子組み換え食品いらない！キャンペーン、遺伝子組換え食品を考える中部の会、うえはら(株)、エコロフーズ・コンサルティング・カンパニー、オーガニック給食マップ、OKシードプロジェクト、沖縄の食と農を守る連絡協議会、かふぇいそぎん、くまもとのタネと食を守る会、グリーンコープ共同体、グリーンコープ生協くまもと、月刊日本、コープ自然派事業連合、子どもたちのために食の安全を考える会・埼玉(コトショク)、子供に安心安全な食を取り戻す会、コレからの星(地球)とみらいの子ども達の健康を考える会、(有)三里塚物産、しぜん教育研究学園、市民連合おうめ、種子を守る会 香川、常総生活協同組合、食と農から生物多様性を考える市民ネットワーク、食と農を守る会 徳島、食政策センター・ビジョン21、(一社)心土不二、(有)生活アートクラブ、政策連合(オールジャパン平和と共生)、全国有機農業推進協議会、全国保険医団体連合会、空知の給食を考える会、太子食品工業(株)、(株)大進食品、食べもの変えたいママプロジェクト(食べママ)、食べもの変えたいママプロジェクトみやぎ(食べママみやぎ)、チームむかご、デトックス・プロジェクト・ジャパン、東都生活協同組合、中野・生活者ネットワーク、名古屋の給食をオーガニックにする会、(株)ナチュラルグリット、ナチュラルスタイル、23区南生活クラブ生活協同組合、日本豊受自然農(株)、(一社)日本社会連帯機構、日本消費者連盟、日本の種子（たね）を守る会、日本有機農業研究会、農民運動全国連合会（農民連）、（株）ハーヴェストアース、バイオダイバーシティ・インフォメーション・ボックス、パルシステム生活協同組合連合会、ハルモモファーム、Fit for Life IBARAKI、生活協同組合ぷちとまと、Free Sands Bio、北海道食といのちの会、ママエンジェルス、医療法人社団雄翔会、夕焼けぽっぽ食堂（こども食堂）、ゆきデンタルクリニック、ライオンの隠れ家、わっぱん

国会のなかには、超党派議員で「食の安全議連（会長・篠原孝、事務局長・川田龍平）」が組織されていましたので、そこに働きかけ、議連の主催で、消費者庁と私たち食品表示問題ネットワークの双方から、消費者庁の食品表示のガイドラインの変更についてそれぞれの意見を出し合うことにしました。この意見交換会が開催された2022年2月16日、全国からオンラインの参加者が2000人を超え、国会議員だけでも30人超が参加して白熱した議論になりました。

上田清司参議院議員は、「国会での審議もなされないままに、消費者庁内部だけでこのような大事なことを決めることはおかしい。消費者庁はどこを向いているのか。これでは食品添加物企業のためのサポート庁ではないか。消費者庁は解散すべきだ」と、怒りだしました。会場からは、「そうだ」「そうだ」といった賛同の意見も続出し、一時は騒然となりました。

私も、最後に消費者庁の谷口正範課長（食品表示企画課長）にこう意見を述べました。

「ガイドラインは、食品表示法解釈についての内部の指針に過ぎず、刑事処分を伴う行政処分についての法律の解釈は、本来、裁判所が担うものではないか。今日は、福岡から辛子明太子を本当に無添加で生産している業者さんが参加しているが、このような業者にも消費者庁はガイドライン（内部の指針）を変更しただけで処分できるのか」と問うたのです。

課長は、いろいろと弁解するものの、なかなか答えを出しません。私も怒りだして「できるか、できないかで答えてくれればいい」と迫ったところ、ようやく小さな声で「処分できません」と答えたのです。

この問題は、そのあと第２０８回国会で、参議院議員の川田龍平議員が消費者特別委員会で質疑に立ってくれました。さらに吉田統彦議員、青山大人議員、山田勝彦議員の３人の国会議員が、消費者特別委員会で大臣に厳しく問いただしてくれた結果、そうした様子を見た市民からも、消費者庁宛に抗議の電話が殺到したようです。

また、合成保存料を一切使わず辛子明太子を製造している業者に対しても今回のガイドラインの変更で処分できるのか、と消費者庁の担当大臣に質問したところ、若宮健嗣大臣が次のように答弁しました。

山田（勝）委員　今、若宮大臣から、明確に、全く食品添加物が不使用の場合は問題がないとおっしゃいました。

改めて確認なんですが、それでは、食品添加物を実際に使っていない事業者が、これまでどおり、商品の裏面の義務表示欄じゃないです、表欄のあくまでも任意表示欄に無添加とだけ表示する場合、これは今回のガイドラインの規制の対象になるのでしょうか。

若宮国務大臣　具体的な商品に言及することは差し控えさせていただきますけれども、一般論としてお話し申し上げますが、単なる無添加の表示、これは、消費者にとりましては食品添加物が無使用であるという旨を推察させるものであろうかと思っております。この場合においては、実際に食品添加物が一切、全く不使用であれば、違反となるものではございません。

大変大事な国会答弁です。

このことは東京新聞（2022年3月31日）の一面トップにも大きく取り上げられ、「週刊ポスト」、「女性自身」などでも広く取り上げられました。

これまで通り「無添加」「化学調味料不使用」等の表示を続ける

残念ながら消費者庁は、２０２２年４月から、検討会の意見通りにガイドラインを変更してしまいました。私たち食品表示問題ネットワークとしては、国会での消費者庁大臣の答弁の議事録もあり、かつ種子法廃止違憲確認訴訟の有志の弁護士数人に当初から参加していただいていたので彼らと協議をしました。結果、「本当に化学調味料が不使用であれば、堂々とこれまで通り、〝無添加〟等の表示を続けよう」との決定に至りました。

消費者庁が懸念している、合成保存料を使用しているのに「無添加」と表示している一部商品に対しては、これこそ食品表示基準違反なので厳しく取り締まればよく、わざわざガイドラインを変更しなくても解決できるのです。

従来通りの表示を続けるという私たちの方針に対しては、食品表示問題ネットワークに参加しているパルシステム、生活クラブ、東都生協、コープ自然派等多くの生協、それにこだわりの伝統的な無添加の食品製造を続けてきた真面目な業者にも賛同していただきました。無添加のミートボールで有名な石井食品も、パルシステム、生活クラブ等がそのような取り扱いをするようであれば私たちもそうしたいと述べてくださいました。

宮城県のあいコープみやぎは、商品輸送に使っている車両にも〝化学調味料不使用〟と、大きく記載して走らせています。一時期は、化学調味料不使用の表示を消さなければならないと覚悟していたものの、今回の食品表示問題ネットワークの協議や国会議事録を見てこれまで通り続けることになりました。

あいコープみやぎの高橋理事長から、私たち種子法廃止違憲確認訴訟の弁護団に「もし消費者庁からなにか言ってきたら、相談にのってほしい」と依頼を受けました。「そうなれば、連絡をください。弁護団にも相談いたしますが、まず私たち有志の弁護士で消費者庁と交渉に当たりましょう」と返事したところです。

私たちが個々に消費者庁に当たるのでなく、こうして消費者と生産者が一緒になって動き出したからこそ、国会議員も、一部マスコミも、この無添加食品表示のガイドライン変更について取り上げるようになったのです。市民運動の成果と思われますが、消費者庁の態度も変わってきました。

これまで消費者庁は、「無添加」「〇〇不使用」等の表示は絶対禁止して取り締まる、と強硬な姿勢を見せていたのに、2022年6月22日付けで「無添加の表示はなくなりません」と書いたチラシまで作成してウェブサイトにアップしています。

これは、確実に市民が勝ち取った成果です。このように、市民が一丸となって行動すれば、不条理なことも是正できるのです。

ところが一方で現場では、保健所が消費者庁の意向に沿って、すでに無添加表示の取り締まりを始めているようなのです。

島根県松江市の老舗、青山蒲鉾（かまぼこ）店の青山美喜子さんが、次のような興味深い話を教えてくれました。マルシェに出品しようとしたところ、「あなたのお店だけ無添加の表示を認める訳にはいかない」と保健所の職員が怒鳴り込んできたとのこと。承服できなかった青山さんは、知り合いの県議会議員と保健所長のところに行き、いきさつを話したそうです。すると、保健所長が謝罪して、怒鳴り込んできた職員は職務を外されてどこかに異動させられたという事実も聞くことができました。

中小の食品加工会社は保健所に「このような表示で問題ないかどうか」を相談しながら、決められた表示だけでなく包装の表にある任意の表示も決めているのが現状です。

このエピソードから、消費者庁のガイドラインの変更について、各市町村の保健所がまちがった指導を各地で始めていることがうかがわれます。

私たちはそれに対して私たち消費者の選択する権利・知る権利を主張して、食品添加物業界の圧力と断固闘わなければなりません。

今回のガイドラインの変更は、私には食品添加物メーカーからの消費者庁に対する強い圧力によるものではないかと思われます。

私たち、種子法廃止違憲確認訴訟の弁護団（有志）は、本当に無添加や化学調味料不使用の真面目な業者に対する消費者庁や保健所からの不当な行政指導などがあれば、ご相談に応じます。山田正彦法律事務所にご連絡ください。

第三章

ゲノム編集食品が日本市場を席巻する

狙われる学校、ゲノム編集されたトマトが学校へ

多国籍アグリ企業が、遺伝子組み換え食品に次いで拡大を目論んでいるのがゲノム編集食物です。ゲノム編集とは、特定の遺伝子をピンポイントで切断することで、生物の特徴を変えてしまう技術のことです。

すでに日本で販売されている〝ギャバ〟という名のトマトは、国の助成を受けて筑波大学で開発が進み、2021年9月からサナテックシード社がウェブサイトで販売しています。

同社は、ゲノム編集を利用して品種改良された種子を生産・販売するベンチャー企業で、大株主であるパイオニアエコサイエンス株式会社は、アメリカのデュポン・パイオニア社という多国籍アグリ企業です。ウェブサイトに掲載されている商品説明によると、このゲノム編集トマトは〝ギャバ〟という血圧の抑制や睡眠の改善に効果があるアミノ酸を多く含むのだとか。

同社はこれまで、着々と、このゲノム編集トマトを市場に出す準備を進めてきました。

2021年の春から「家庭菜園苗モニター」を4000件募集。応募があった家庭にゲノム編集トマトの苗を配布して栽培を促しました。2022年からは、希望するデイケアや老人福祉施設にトマトの苗を無償配布。ここでも栽培を呼びかけています。そして、2

023年からは、なんと小学校に苗が配布される予定だと報道されました。

学校にまで苗を配布する狙いはなんなのか――。

子どものうちからゲノム編集作物に慣れ親しませることで、なんの抵抗感もなくゲノム編集作物を食べる大人に成長させることではないか、と私は思っています。

無償配布されたゲノム編集トマトの苗を、子どもたちは育て、収穫されたトマトを喜んで食べるでしょう。子ども時代に自分で育てて食べたトマトの味は、きっと忘れられません。子どもの親たちも、そんな子どもの様子を見て、ゲノム編集トマトへの親しみが生まれるかもしれません。そうやって少しずつ社会の抵抗感を少なくしていくことが狙いなのではないでしょうか。新聞でも報道されましたが、2023年からギャバトマトが学校給食に提供されるというのです。

ゲノム編集食品の安全性は、まだ十分に解明されていませんので、世界の潮流としてはゲノム編集も遺伝子組み換えのひとつだとされているのが一般的だと思います。リスクを指摘する研究者も大勢います。実際にアメリカでも市民の抵抗感が強く、カリクスト社が2019年から、ゲノム編集された高オレイン酸大豆の食用油を販売しましたが、消費者にソッポを向かれて消費が伸びず株価も暴落してしまい、現在では流通も止まっています。

天笠啓祐さんの話でもアメリカではゲノム編集食品は流通されていないとのことです。

また、EUの司法裁判所では2018年、「ゲノム編集で開発した作物も、原則として遺伝子組み換え作物と同様に規制の対象にすべき」という判断を下しました。これを受け現在EUでも、「人体にどのような影響があるか未知である」という理由から、ゲノム編集作物は販売されていません。

ところが日本政府は、ゲノム編集作物は、「標的となった遺伝子のみを切断するだけなので、自然界で起こる突然変異と同じ」として、「安全性に問題はない」と判断。届け出も任意で表示の義務付けすらせず、流通を許可してしまったのです。日本のマスコミも、ゲノム編集食品が非表示で出回るリスクについてほとんど報道していません。それまでは国会でもなんの協議もされませんでしたから、もし海外からゲノム編集作物の輸入を迫られたら、日本政府はなんの疑問も持たずに言われるままに受け入れてしまうでしょう。こうして日本は、またしても多国籍アグリ企業のターゲットにされようとしているのです。

ゲノム編集は、品種改良と同じ？

実際に、どんなリスクが考えられるのでしょうか。

第一章にも登場していただいた河田昌東さんは、ゲノム編集食品の危険性を、次のように訴え続けてきました。

「ゲノム編集に成功する細胞はごく一部で、成功した細胞を選びとるだけのために、抗生物質耐性遺伝子が使われています。ゲノム編集した細胞から作られた作物を食べると、抗生物質耐性遺伝子が腸内細菌に移行し、抗生物質が効かなくなる危険性が生じるのです」

これは、どういうことでしょうか。

ちょっとむずかしい話になるのですが、大事なことなので簡潔にお話ししましょう。

主流の方法である「クリスパーキャス9」を例に説明します。

食物や生物をゲノム編集するためには、3つの物質を細胞核に入れる必要があります。

一つめは、標的となる遺伝子を切り取るハサミの役割を果たすキャスナイン（Ｃａｓ９）と呼ばれる酵素。二つめは、Ｃａｓ９を標的遺伝子に導くガイドＲＮＡを作る遺伝子。三つめが、標的となる遺伝子の切断がうまくいったかどうかの目印となるマーカー（抗生物質耐性遺伝子）です。

この三つをセットにして、植物や生物の細胞の核に挿入し、ゲノム編集が行われるのですが、大きな懸念があるのが、河田氏が指摘する〝抗生物質耐性遺伝子〟です。

アメリカの疾病対策センター（ＣＤＣ）の報告によると、抗生物質耐性菌の感染によって、年間3万5千人が死亡しているそうです。

その原因の一つが、遺伝子組み換え食品中の抗生物質耐性遺伝子です。抗生物質耐性遺伝子を含む食品を食べると、体内で分解する際に、この遺伝子が腸内細菌に取り込まれ、腸内細菌が抗生物質耐性になるのです。専門用語ではこれを遺伝子の水平伝達と言います。その結果、病気にかかって抗生物質を飲んでも、その薬が効かなくなってしまうのです。

日本でも2017年に、抗菌薬が効かない薬剤耐性菌によって、国内で推計8千人超が亡くなったとする調査結果を国立国際医療研究センター病院が公表しています。今後、遺伝子組み換え食品ばかりかゲノム編集食品までもが主流になっていけば、子どもたち世代の健康がさらに侵されることになります。

ちなみに、前述したゲノム編集に用いられるCRISPR-Cas9は新技術で、すでにモンサント社（現バイエル社）が開発会社とライセンス契約を結んでいます。つまり、今後はゲノム編集食品でひともうけしようとしているのです。

カリフォルニア大学の遺伝子組み換えについての世界的権威イグナシオ・チャペラ教授にバークレー校でお会いしたときに、「2週間前に角のない牛が企業によってゲノム編集で開発されたが、この牛の細胞のゲノムの中に抗生物質耐性菌が2種類検出されたので、実用化はすぐに断念された」と写真を示して話していただきました。さらに同教授は、「ゲノム編集は研究者の間でも遺伝子組み換えそのもので、NEW GMOと呼んでいます。遺伝子はお互いにコミュニケーションを図っているので、その遺伝子の一個が壊されると、敵が来たと錯覚してその壊れた遺伝子を含む細胞を壊そうとして有害な化学物質を出したりするので、どのようなことになるのか予測がつかず大変危険です」と語ってくれました。

肉厚のマダイに巨大トラフグまで

トマトだけでなく、肉厚のマダイや、成長速度が最大で2・4倍のトラフグなどの開発も進んでいます。さらに日本はアメリカで開発されたゲノム編集のトウモロコシ「ワキシーコーン」を承認し、国内で栽培されることが間近になってきました。

私は実際に、肉厚のマダイやトラフグをゲノム編集によって研究・開発している、京都大学大学院農学研究科の木下政人（きのしたまさと）准教授に会ってお話をうかがいました。

木下准教授は、ゲノム編集されたマダイの特徴を、こう説明されました。

「マダイの身の部分にはまったく問題がない。味も従来のマダイとまったく同じ」

私が網から外海に逃げたときの種の交雑が心配ですがと聞くと、

「病気になりやすく温度の変化に敏感で、弱って死んでしまうのでそのような心配はいりません」

と語ってくれました。

なんとなく不安です。准教授は経済的に厳しい状況にある水産業のために開発しました、また、京都府の宮津市では、ゲノム編集されたトラフグ「22世紀ふぐ」が、ふるさと納税の返礼品として採用されていて、市民から不安の声も届いています。

私は2022年7月、宮津市を訪れ、城﨑雅文(きざきまさふみ)市長にお会いしました。市長には、「ゲノム編集食品は、遺伝子組み換えと同様であり、人体にどのような影響を与えるかわからないので提供を禁止してほしい」とお願いしました。現在市民によるふるさと納税の返礼品から外してほしい旨の2万名を超える請願署名が受理され、同市議会で審議中です。

実際の養殖現場は陸上の大型水槽で行われていました。残念ながら今回は病気感染の恐れがあるとして見学することは断られました。今後、網を3重にして海洋での養殖をスタートさせるとのこと。ちなみにアメリカでは、環境団体の反対があって、遺伝子組み換えのサケが海だけでなく陸上での養殖もできないでいるようです。

海洋での養殖が始まるとなると、養殖されているゲノム編集マダイが海に逃げて、天然のタイと自然交配するリスクも出てきます。実際に、ブラジルでペット用としてゲノム編集された赤・青・緑に光る「ゼブラフィッシュ」は、ブラジル南東部の養殖場から逃げ出し、川で繁殖し続けていることが確認されています。今後、生態系にどのような影響が出るのか研究者たちは懸念を持って追跡しているのです。このように、将来的なリスク評価は十分でないにもかかわらず、厚労省は、ゲノム編集した食品について、ほとんどのケースで食の安全性審査を行わなくてもよいと決定し、２０１９年10月から届け出も任意で流通を許可してしまったのです。

そのうえ、遺伝子組み換えとは異なるので表示の義務付けもないため、私たちには選択をすることができません。マダイなどがすり身にされて加工されてしまえば、知らず知らずのうちに食べてしまうことになります。

このほか毒素のないジャガイモ（理化学研究所）や、卵白のアレルゲンが少ない鶏（産業技術総合研究所）などの研究・開発が、ゲノム編集技術を使って進められています。本当に大丈夫なのでしょうか。ある研究者から聞いた話では、ジャガイモの芽を出す遺伝子を切り取れば、毒素を含む芽は出にくくなるが、血液を凝固させる物質ができるという指摘もあるそうです。

さらに、つくば市の国立研究開発法人農業・食品産業技術総合研究機構では、私も見に行って写真も撮りましたが、多収量のゲノム編集米「シンク能改変イネ」が開発されて試験栽培されています。そして、こともあろうに、ゲノム編集の手は、いま人気のコオロギ、発酵食品にまで伸びようとしています。

まだどんなリスクがあるかわからないゲノム編集食品が、私たちが知らないうちに市場に出回る日も近いのです。

しかし、諦める必要はありません。市民たちの声で、これを押し戻すことができるのです。具体的な事例については、第八章でお伝えします。

第四章

食べるものが孫やひ孫の健康に影響を与えることも

発達障害と診断される子どもが増えている

気になるのは、第一章で述べたように、安全とは言いがたい農産物を食べ続けた結果、私たちの体がどうなるのかという点です。

私は日々、映画の上映会や講演会で日本全国を飛び回っているのですが、そんなとき、よく耳にするのが「発達障害の子どもが増えている」という声です。(「発達障害」とは、発達障害者支援法において、自閉症、アスペルガー症候群その他の広汎性発達障害、学習障害、注意欠陥多動性障害その他これに類する脳機能の障害で、通常低年齢で症状の現れるものと規定されている)

「山田さん、いま、子どもたちの10％は発達障害とされていますが、実際はそんなに少なくありません。小学生ではクラスの2～3割はいるんじゃないかと思います。保護者に話すと人によっては怒られるので言えないのですが」と。

富山県のある町で映画の上映会が終わったあと、こう話してくれた学校の先生もいました。

「授業中に奔放な行動をとって教師の指導に従わない」「私語が多くて授業にならない」などの〝学級崩壊〟が問題視されるようになったのは1990年代頃からですが、この背景には、こうした発達障害と診断される児童の増加が関係していると言われています。

文科省が2019年に発表した、通級による指導を受けている児童生徒数の推移調査では、発達障害と診断される子ども（編集部注：注意欠陥多動性障害、学習障害、自閉症、情緒障害の合計）が2006年には9792人だったのが、2017年には6万8839人と、11年で約7倍に増加していることがわかりました。

さらに2022年7月の文科省の調査では、通常の学級で学びながら一部の授業は別室での指導を受けている生徒が、全国の小中高で16万4693人と過去最高になったと発表しています。そのうち10万人は、この10年間で増加しているのです。

残留農薬と脳の発達

自閉症スペクトラム障害（以下、自閉症）など発達障害の増加と農薬の使用量を、比較したデータがあります。

67ページのグラフを見てください。このグラフは、OECD加盟主要国における農地単位面積当たりの農薬使用量（2008年版）と、自閉症の有病率を比較したものです。

単位面積当たりの農薬使用量が多い上位4か国の韓国、日本、イギリス、アメリカと、自閉症の有病率が多い上位4か国は、一致しています。

農薬の使用量が多い国ほど、自閉症など発達障害が増えている可能性が考えられます。

この一致は因果関係を示すものではありませんが、農薬が脳の発達に悪影響を及ぼすことを裏付ける疫学研究や動物実験が数多く発表されています。米国小児科学会や国際産婦人科連合、WHOなどの国際的な団体も、農薬が子どもの脳発達に悪影響を及ぼすことを公的に警告しています。

「発達期の子どもでは、低濃度であってもネオニコ系農薬に長期暴露すると、脳の発達に悪影響を及ぼす可能性がある」

そんな論文を2012年に発表したのは、脳神経科学が専門で、環境脳神経科学情報センター副代表の木村-黒田純子さんです。

ミツバチ大量死の主原因がネオニコ系農薬であることが明らかになり、さらに子どもの脳発達に悪影響を及ぼす可能性から、EUでネオニコ系農薬の規制が進んだのは、この論文が一つのきっかけとなりました。このことは、後述するTBSの「報道特集」で取り上げられています。

27ページでも触れたように、アメリカは2022年、ネオニコ系農薬の規制に舵を切り始めています。

木村-黒田さんはこの実験で、ラット胎児の発達期の脳神経細胞を培養し、2種類のネオニコ系農薬と脳神経系に悪影響を及ぼすことが明らかなニコチンを投与しました。する

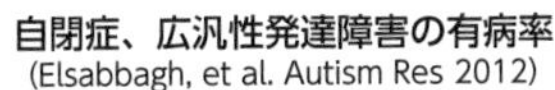

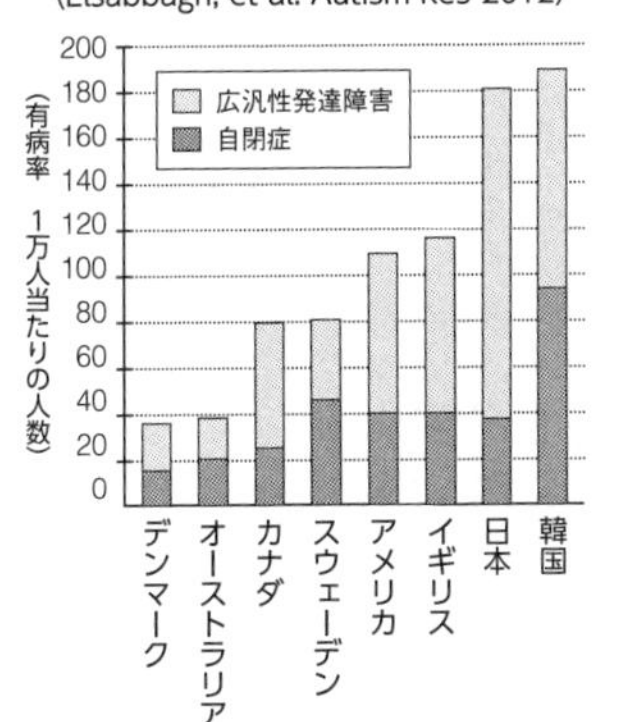

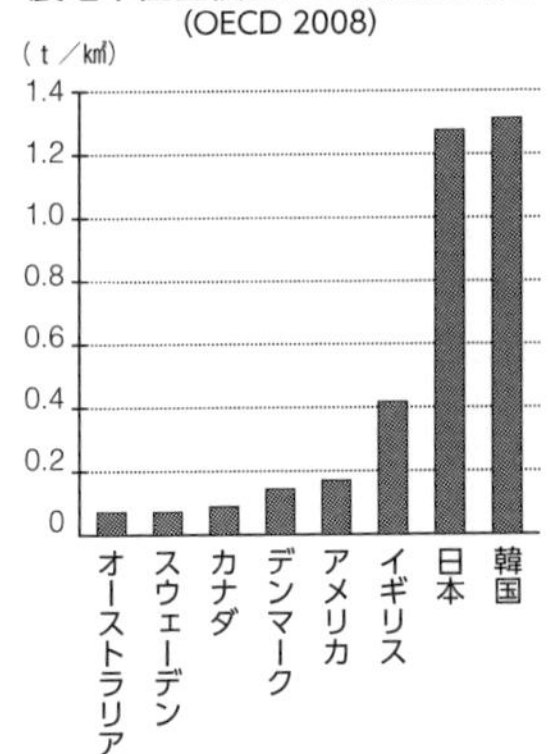

2013年、診断名が変わり自閉症＋広汎性発達障害を併せて自閉症スペクトラム障害と呼ぶ。木村－黒田純子氏著書『地球を脅かす化学物質』P.156を元に作成

と、ニコチンも2種類のネオニコ系農薬も、投与直後に神経細胞は興奮して反応したのです。

「この実験はネオニコ系農薬が発達期のヒトの脳にも影響を及ぼす可能性があるということを示しています。農薬メーカーは、『ネオニコ系農薬はニコチンと違って哺乳類には作用しません。安全です』と言っていたのに、そんなことはなかったわけです」（木村－黒田純子さん）

脳発達への影響実験結果
https://kaken.nii.ac.jp/ja/file/KAKENHI-PROJECT-21510075/21510075seika.pdf

　もともと自閉症など発達障害は遺伝的要因が大きいと言われていましたが、遺伝子が10～20年足らずの間に日本人全体で変わることはあり得ず、環境要因が関わっていることがわかってきました。木村－黒田さんは、この研究結果から「自閉症など発達障害の急増は、環境要因のなかでも農薬など有害な環境化学物質の使用量と関係があるのではないか」という疑いを強くしたと言います。

無毒性量の投与で、マウスに行動異変

木村－黒田さんの論文だけでなく、農薬や食品添加物等の有害な環境要因が私たちの身体に影響を与えていることを示唆する研究結果は、次々に発表されています。

最近話題を呼んだのは、2021年11月6日にTBSの「報道特集」で紹介された「ネオニコ系農薬　人への影響は」でした。

この番組で紹介されたマウスの実験では、「害がない」とされる量であっても、ネオニコ系農薬を投与したマウスには、行動異変が現れることがわかったのです。この研究を行ったのは、神戸大学大学院教授（動物分子形態学）の星信彦さんです。

具体的には、通常のマウスと無毒性量のネオニコ系農薬クロチアニジンを投与したマウスを正方形の白い箱に放し、その行動を比較しました。すると、通常のマウスは好奇心旺盛で箱の中を自由に動くのですが、無毒性量のクロチアニジンを投与したマウスは動きが緩慢で、箱のすみっこからほとんど動きません。

両マウスの軌跡を調べてみると、無毒性量のクロチアニジンを投与したマウスは恐怖心

が増大したためか、箱の真ん中をまったく通ることができませんでした。
気になるのは、こうした傾向は若いマウスほど顕著に現れることです。星教授は別の研究で、人間の学齢期にあたる若いマウスにネオニコ系農薬のジノテフランを投与したところ、多動症の子どものように落ち着きがなくなった、という実験結果を発表しています。（『本当は危ない国産食品――「食」が「病」を引き起こす――』より〈奥野修司／新潮新書〉）
つまり、ネオニコ系農薬には神経毒性があり、こうした行動異変を誘発する可能性があるのです。すべての実証データが揃ってからでは遅く、「可能性がある」と考えられる今こそ行動せねばなりません。

生殖機能も低下させる

さらにおそろしいのは、生殖機能にまで影響が出ることです。

前述した「報道特集」のなかで、新潟県佐渡市で生息していた野生のトキが、一時期絶滅したという話が紹介されていました。田んぼでネオニコ系農薬が使用されるようになって、トキのエサである、どじょうやカエル、おたまじゃくしなどの生物が減ったことが一因です。

その後、佐渡市では農家の協力を得てネオニコ系農薬の使用を規制し、トキの復活を果たすのですが、じつは、この話の裏には放送では流れなかったエピソードがありました。

新潟大学からトキの繁殖能力について調査を依頼されていた星教授は、田んぼで使用されているクロチアニジンを、うずらに少量与えて、その影響を調べる実験を行いました。するど、なんとオスの精巣のＤＮＡが壊れて、たくさんの細胞が死んでいることが判明したのです。

うずらに与えたのは、ラットに対する無毒性量の3分の1から3０００分の1という極めて少量にもかかわらず、6週間与えただけで精子の細胞が死んでしまったのです。

理由は、クロチアニジンを投与することで体内の抗酸化酵素が著しく減り、呼吸によって体内で作り出される猛毒の活性酸素を除去できなくなるからだそうです。

また、オスのみならずメスも、卵を育てるホルモンを出す細胞が死に、産卵率が下がったということがわかっています。

つまり、トキが絶滅した原因には、トキのエサとなるカエルやどじょうが減っただけでなく、トキ自身の生殖能力が落ちていたことも関係していたわけです。この話は、私の知人で、食品汚染の問題を追いかけているジャーナリストの奥野修司さんの著書（前掲）に詳述されています。

発がん性が認められ、モンサント社が敗訴

日本ではあまり報じられていませんが、グリホサートを主成分とする除草剤「ラウンドアップ」の発がん性をめぐっては、アメリカで数多くの裁判が起こされ、その危険性については法のもとですでに決着が付いているのです。

その先頭に立ったのは、カリフォルニア州在住の男性、ドウェイン・アンソニー・リー・ジョンソンさんでした。

末期の悪性リンパ腫と診断されたジョンソンさんは2018年8月10日、（裁判当時46歳）、がんを発病した原因は除草剤「ラウンドアップ」にあるとして、メーカーのモンサント社を訴えました。

サンフランシスコの陪審はモンサント社の責任を認め、損害賠償金と懲罰的損害賠償金の合計2億8920万ドル（約320億円）の支払いを命じる評決を全会一致で決定したのです（のちに2050万ドルに減額）。

いったいモンサント社とは、どんな企業なのか。少し説明をしておきたいと思います。

モンサント社は、アメリカのミズーリ州に本社を置いていた多国籍バイオ化学メーカーで、太平洋戦争のときは爆薬と毒ガスを製造していました。すでに述べた通り、1974年から除草剤ラウンドアップを販売し始めました。

特許権が切れた2000年以降、日本では、日産化学が日本モンサント社（現・バイエル クロップサイエンス）から商標権・販売権を取得し、「ラウンドアップマックスロード」として国内で販売してきました。

また、本書の冒頭で紹介したように「ネコソギ」（レインボー薬品）、「サンフーロン」（大成農材）など、さまざまな商品名で他の農薬メーカーからも発売されています。

ちなみにモンサント社は、ベトナム戦争で使用され、のちに生まれた子どもたちに重度の障害や疾患をもたらした〝枯れ葉剤〟を製造した企業としても有名です。

ラウンドアップの散布で悪性リンパ腫に

そんなモンサント社を相手取り、裁判を起こしたジョンソンさんは、2012年からサンフランシスコ近郊の中学校の用務員として、校庭の害虫駆除や雑草を防除する仕事をしていました。そのため、年に20～30回にわたって校庭にラウンドアップを散布していたのです。あるときには、ホースの結合部分がゆるんでラウンドアップが直接体にかかってしまったこともあったと言います。

2014年頃になると左腕に発疹（ほっしん）が現れ、激しい痛みを感じ始めました。いままで経験したことのない症状だったため、ジョンソンさんはラウンドアップが原因なのではないかと考えるようになりました。モンサント社にも問い合わせてみましたが、まったく返答がなかったので、そのまま使用し続けていたのです。

しかし、皮膚の状態は一向によくならないばかりか悪化していったため、ジョンソンさんは病院で精密検査を受けました。その結果、悪性リンパ腫であると告げられました。

それでも、妻とまだ幼いふたりの子どもを養っていかなければならないジョンソンさんは、無理をして仕事を続け、子どもたちの前では気丈に振る舞っていました。しかし、妻のアラセリさんは裁判で、「夫は、子どもたちが学校に行っているときはベッドで泣き崩れていた」と、証言しています。どれほど辛かったでしょうか。

サンフランシスコの陪審は、ジョンソンさんが末期の悪性リンパ腫であると診断されたことから、裁判の進行や判決を通常より2年早める特別措置をとりました。その結果、わずか8週間というスピード審理を経て勝訴を勝ち取ったのです。

裁判ではジョンソンさん自身も証言台に立ち、その悲痛な胸のうちを次のように訴えています。

「(ラウンドアップに)発がん性があることがわかっていたら、私はラウンドアップを中学校の敷地内や生徒たちの周辺に散布することはなかった。しかし、モンサント社に問い合わせても、何の連絡もなかった。悪性リンパ腫であることを医師から告げられたときに、まだ幼い子どもたちを抱える私がどれだけ混乱して苦しんだか、おわかりだろうか」

訴訟に次々と負けて「終わった」モンサント

アメリカでのジョンソンさんのラウンドアップ裁判は、世界中で超トップニュースとして報じられましたが、日本でだけはまったく報じられませんでした。私は、この裁判のあとすぐにアメリカに飛んで、この裁判を支援し、判決の言い渡しにも立ち会ったゼン・ハニーカットさんにお会いしました。後述しますが、彼女はアメリカを変えたお母さんと呼ばれています。

その後、私は2019年にアメリカでジョンソンさんに面会し、お話をうかがいました。その様子は映画『食の安全を守る人々』で紹介しています。

帰国してから、「モンサント社が裁判に負けた。これからラウンドアップの規制が始まるよ。これは大変なことだ」と、みんなに話しました。しかし、誰も信じてくれないのです。

「山田さんの言うことはウソだとは思わないが、日本のメディアでは何も報じられていない。これはどういうわけか」と言われたのです。

日本のメディアは、モンサント社のような多国籍アグリ企業に忖度(そんたく)して報道しません。

それなら自分で事実を映像にするしかない。そう考えて、NHKのドキュメンタリー番組などを制作していた原村監督に相談し、制作してもらうことになったという経緯があります。

ジョンソンさんに会うためカリフォルニア州を訪れたとき、彼は、すべての取材を断っていましたが、146ページで紹介している「マムズ・アクロス・アメリカ」を起ち上げたゼン・ハニーカットさんの骨折りで、私たちの取材には応じてくれたのです。しかし、彼の体調は非常に悪そうで、終始沈痛な面持ちでした。

半袖からのぞいている彼の腕の皮膚は赤黒く、ぼこぼこと隆起し、皮がめくれてガサガサです。ジョンソンさんは、こう病状を説明してくれました。

「どんどん肌の表面がひびわれて乾燥し、皮がはげていきます。ところどころ切れてしまって、もっと悪い状態になったこともあります。悪くなったり、良くなったり、でも決して治ることはありません」

私はかける言葉をなくして、ただ「話してくれてありがとう」とお礼を言うのが精一杯でした。

最後にジョンソンさんは、こう言いました。

「安全に除草する方法は、ほかにもあります。モンサント社に問い合わせたときに、少しでも危ないような話があれば、学校のグラウンドに撒くことはなかったのです。ただ見た目をよくするために、子どもたちの周りにあのような危険な除草剤を撒くのはまちがっている。食べ物に撒くのはなおさらです。それは私たちが進むべき道ではない。私は闘い続けます」と。

モンサント社を買収したバイエル社は、この判決を不服として特別上告していましたが、最高裁はこれを却下しています。

ジョンソンさんが勝訴して以降、モンサント社を訴える裁判が相次いでいます。BBC NEWS JAPANが2020年6月25日に報じたところによると、ラウンドアップの発がん性をめぐり、約12万5千件の訴訟が起きているそうです。

ニューヨーク市では原告約10万人の集団訴訟が起き、カナダやオーストラリアでも訴訟が次々と起こされています。モンサント社を買収したバイエル社は2020年6月、和解金109億ドル（当時のレートで約1兆1600億円）を原告らに支払うことで和解しています。

じつは、私のところにも、日本のある農家の方から「モンサント社を訴えたい」とご相談がありました。かなり詳細な医師の診断書も見せていただきましたが、まだ対応を検討中です。今後、日本でもモンサント社を訴える裁判が増えてくるのではないかと思います。

このように、グリホサートを含む除草剤のリスクはすでに証明され、モンサント社を買収したバイエル社は、株価が4～5割下がって、ドル箱であった動物医薬品、抗生物質、成長ホルモンなどの事業を売却し、1兆円を超える和解金にあてると言われています。

こうした状況にもかかわらず、日本ではいまだに使用や販売が許可されたままです。それればかりか、前述のように、輸入作物におけるグリホサートの残留基準値を大幅にゆるめているのです。

がんだけではない世代を超えた影響

「ラウンドアップ」の主成分であるグリホサートについては、急性毒性に加えて、多くの遅発性・慢性毒性があるという研究結果が出ています。なかでも気がかりなのが、世代を超えた影響です。

前出の木村－黒田純子さんが、次のような研究を紹介しています。

「ある研究で妊娠中のラットに無毒性量の50％に相当するグリホサートを投与し、継世代への影響を調べました。親や子世代への影響はほぼないのですが、孫世代、さらにひ孫世代に、腫瘍や生殖器の異常など多様な障害が発生したのです。ふたつ以上の疾患が重なった例や出産異常も、孫、ひ孫の世代で起きていました」（参考Kubsad.et al Scientific

Report2019)

つまり、私たちがグリホサートに暴露した場合、自分や子どもには影響が出なくても、孫やひ孫の世代に疾患が起こる可能性があるということです。私が、木村－黒田さんに「どうしてそうなるのですか」と尋ねたら、「除草剤グリホサートを暴露した精子のDNAでは、遺伝子発現のスイッチが切り替わって、それが子孫に引き継がれる可能性を示した研究論文があります」と説明しました。

継世代影響の研究は、ほかにもあります。ラットは通常1度の出産で、胎児が10匹くらい生まれますが、母体がグリホサートを含む農薬製剤に低用量暴露すると孫世代の胎児の数が減るという研究があります。胎児の大きさ自体も小さくなってしまいます。

つまり、低用量でもグリホサートに暴露することで、孫世代の胎児数の減少や胎児の発育不良などが確認されているのです。

木村－黒田さんの説明では、こうしたことが起きる原因のひとつに、DNAのメチル化があると言います。つまり、グリホサートに暴露したラットから産まれた子どもや孫、ひ孫の精子や子宮などの細胞を調べたところ、DNAのメチル化に異常が見つかったのです。

〝DNAのメチル化〟とはなんでしょうか。少しむずかしいのですが、簡単に説明しておきましょう。

生物のDNA上の遺伝子は、その生物を構成して生命を維持するのに必要なタンパク質を合成するための設計図の役割を果たしています。DNAのメチル化は、その遺伝子発現の大事な調節機能です。

たとえば皮膚の場合、皮膚形成に必要なタンパク質が合成されるために、そのタンパク質の遺伝子の上流（前の）領域のDNAはメチル化されていません。一方、皮膚に不必要なタンパク質の遺伝子の上流（前の）領域のDNAにはメチル化が起こっており、そのタンパク質は合成されないようになっています。DNAのメチル化に異常が起こると、遺伝子が発現する際に必要なタンパク質が作られなかったり、逆に不要なタンパク質が作られてしまったりすることで、がんをはじめ病気を起こす可能性があります。また生殖細胞に起こったDNAのメチル化は、世代を超えて伝わる可能性があるのです。DNAのメチル化異常による継世代影響については、グリホサートだけでなく、除草剤アトラジン、プラスチック原料のビスフェノールAやダイオキシンでも研究報告があります。

いま、自分が食べているものが孫やひ孫に影響する。考えただけでもぞっとしませんか。

腸内環境にも影響

これまでモンサント社は、次のような論法でグリホサートの安全性を主張してきました。

植物はシキミ酸経路という植物特異的な代謝経路を経てトリプトファンなどのアミノ酸を作ります。グリホサートは、このシキミ酸経路を阻害して植物を枯らします。人間には、このシキミ酸経路がないので、グリホサートを摂取しても影響は及ぼさない、というわけです。

しかし、腸の中で活動している腸内細菌には、シキミ酸経路を持っているものがあり、なかでも善玉菌に多いという研究報告があります。人間がグリホサートを摂取すると、シキミ酸経路を持つ善玉菌が減少する可能性があるのです。

実際に、ラットの実験でも、ラウンドアップや主成分のグリホサートを摂取することで腸内細菌のバランスに異常が見られることがわかっています。

腸内細菌は、人の最大の免疫系である腸管免疫を正常に機能させる役割を果たしており、このバランスが乱れることで脳や精神にも影響が及び、さまざまな食物アレルギーを誘発します。抗生物質の乱用なども腸内細菌に悪影響を及ぼしますが、グリホサートへの暴露も同様の異常を起こす可能性があるのです。

長年、発達障害について研究を重ねてきた木村－黒田さんによると、2～3歳を過ぎてから急に自閉症の症状が出る子どもは消化器障害を伴うことが多く、腸内環境を改善すると症状が改善するという報告も増えているそうです。

さまざまな疾患は腸内環境の悪化で引き起こされる

人間の体のあらゆる場所には、細菌やウイルスや真菌などの微生物が常在しています。なかでも腸に生息する細菌がもっとも多く、その数は100兆個とも言われています。

みなさんも〝腸内フローラ〟という言葉を耳にしたことがあると思いますが、これは腸壁に生息しているたくさんの細菌が花畑のように見えるためです。近年の研究では、腸内フローラが人の健康と密接に関係していることがわかってきています。

以下は研究者の石原泰彦さんが作成してくださった「遺伝子を操作した食物を食べた人への影響が子、そして孫に伝わる仕組みの概要」に基づきます。

人の生理機能が正しく働くためには、腸内フローラを構成するそれぞれの微生物は決められた場所に決められた数だけ生息する必要があります。つまり〝一貫性〟を保つ必要があるのです。

人間と同じように、食物にもそれぞれ固有のフローラがあり、食物とフローラの組み合わせも、長い歴史のなかで調和を保ってきました。調和を保った食品を食べていれば、胃腸に不調をきたすことはほとんどありませんが、ところが遺伝子組み換えなどで異なるフローラを持つ食品を食べると、腸内フローラとのバランスが崩れ不調をきたすおそれがあるのです。

このメカニズムを、簡単に説明しておきましょう。

遺伝子組み換えやゲノム編集食品などを食べることで、いままでになかった目新しいタンパク質が体内に入ると、体は〝異物〟が入ってきたと思い、これを排出するために小腸の壁面を構成する細胞間の隙間を開けて、小腸内に水分を入れることで便を柔らかくして排泄しようとします。しかし、この状態が長く続くと腸の粘膜が薄くなって穴があいてしまい、本来なら取り込まない細菌や有害な物質まで血中に取り込んでしまいます。

すると、体内に〝抗体〟ができ、血中の有害物質を攻撃し始めるため、さまざまな炎症症状が生じます。こうした状態が続くことで、下痢や便秘、腹痛のみならず、アトピー性皮膚炎や集中力の低下、神経過敏などじつにさまざまな疾患が生じてしまうのです。

これを、リーキーガット症候群と言います。

全米でオーガニック食品やNON-GMOの表示を広める運動を展開してきた「マムズ・アクロス・アメリカ」の創設者、ゼン・ハニーカットさんの次男、ボディくんは、このリーキーガット症候群で苦しんでいました。

ゼンさんは、映画『食の安全を守る人々』にも登場してくれていますが、カリフォルニア州在住で、3人の息子の母親です。

次男のボディくんは8歳の頃、急に泣き出したり怒り出したり、また異常行動をとるようになりました。医師の診断は、腸の粘膜に穴があき、細菌などが血管に漏れるリーキーガット症候群。腸内にはクロストリジウムという真菌が大量に繁殖し、それが腸壁にあいた穴から体内に流れ出し、脳神経の炎症を引き起こした結果、自閉症の症状が出ているのだとわかりました。

長男のベンくんも、生後18ヶ月くらいでミルクアレルギーを起こし、夜も眠れないくらい湿疹に苦しめられたり、ナッツアレルギーを発症してアナフィラキシーショックを起こして救急搬送されたりしたこともあると言います。

子どもたちの体調悪化をきっかけに、さまざまなリサーチをしたゼンさんは、アメリカで流通する加工食品の85%に遺伝子組み換え食品が含まれているという事実を知ることになります。さらに、遺伝子組み換え食品と一緒に使用されているグリホサートを、食べ物とともに取り込んでいることも知り、愕然（がくぜん）としたそうです。

ゼンさんは、すぐに日々の食事をオーガニック食品中心のものに変え、また〝プレハーベスト〟として収穫前にラウンドアップの撒かれた小麦の摂取もやめさせたところ、ふたりの子どもたちの症状には短期間で改善が見られたそうです。

このことから言えるのは、食物アレルギーが起きるのも、異常行動が生じるのも、遺伝子組み換えやゲノム編集によって人工的に作られた一貫性のないＤＮＡが体内に侵入したことが原因で起きている可能性があるということです。その証拠に遺伝子組み換えなどが普及する1980年代までは、子どもたちの食物アレルギーは欧米でも日本でも、ほとんどありませんでした。

そして大きな問題なのは、一般的に、母親が持っている抗体は生まれてくる子どもに移行するということ。つまり、母親の体内に食物アレルギーにかかわる抗体があると、子どもにも移行し、アレルギー症状を起こしやすくなるのです。

国会議員の頭髪からもグリホサート

2019年3月、私はゼンさんの話を聞いてから、私の体の中にもグリホサートが残留しているのではと考え、「日本で検査しよう」とあちこち検査してくれるところを探しましたが、どこにもありませんでした。

ゼンさんに相談して、フランスの研究所を紹介してもらい、そこに髪の毛を送って調べていただくことにしたのです。当時、一人につき5万円の費用がかかりました。ついでに、国会議員の方々にも一緒に調べてもらおうと考え、「日本の種子（たね）を守る会」の事務局長をしている杉山敦子さんと国会を回り、23人の国会議員と私たちも含めて29人の検査をしたところ、19人の毛髪からグリホサートが検出されたのです。つまり、7割の体にグリホサートが残留していることがわかったのです。この中には、私も含まれていました。私自身、日々の食事には気を付けているつもりでも、いつもオーガニックのものを食べているわけではありませんし、外食もします。それに、私は若い頃からお酒が好きで、よくビールを飲むのですが、輸入小麦の98％からグリホサートが検出されることから考えると、この結果は当然のことでしょう。この検出結果の割合からすれば、現在ほぼ日本人の7割の人はグリホサートを体内に取り込んでいることが推察されます。

「体内に入ったグリホサートはすみやかに排出される」とモンサント社は主張してきましたが、毛髪から検出されるということは、体内に蓄積されていることの表れではないでしょうか。

この検査結果は、多くの人にショックを与えました。このことから、みなさん一人一人が自分の体の中にラウンドアップの主成分、グリホサートを取り込んでいるという事実を知ってもらうことが、ラウンドアップを廃止させる運動につながるのではないかと考えたのです。

そこで私は、「日本の種子（たね）を守る会」の事務局長杉山敦子さん、農民連食品分析センターの八田純人さんと相談して、２０１９年5月、これまでにも遺伝子組み換え食品やゲノム編集食品などについて反対してきた天笠啓祐さん（日本消費者連盟顧問）、安田節子さん（食糧政策センター・ビジョン21）、印鑰智哉さん（ＯＫシードプロジェクト事務局長）たちと一緒に、木村－黒田純子さんをオブザーバーに迎えて、「デトックス・プロジェクト・ジャパン」という組織を起ち上げました。そして、私たちの体の中にある残留農薬や食品添加物を調べることにしたのです。生協のみなさんに協力していただき、髪の毛を使ってグリホサートの検査をしたのですが、そのときは機械の精度が十分でなく、精度の高い結果を得るまでには至りませんでした。しかし、18ページで紹介した学校給食のパンに残るグリホサートや、次に紹介する残留ネオニコ系農薬など、さまざまな調査を進めています。

被験者の94％の尿からネオニコ系農薬も

私たちの体内に残留しているのは、グリホサートだけではありません。ネオニコ系農薬も、私たちの尿から検出されています。

「デトックス・プロジェクト・ジャパン」をはじめ、いくつかの市民団体と一緒に、２０２１年８月から２０２２年６月まで２０２検体を調査しました。すると94％にあたる１９０検体からネオニコ系農薬、またはネオニコ系の代替農薬が検出されました。まったく検出されなかったのは、わずか６％（12人）だったのです。

その理由について、尿中検査を実施した農民連食品分析センターの八田純人さんは、こう話します。

「ネオニコ系農薬は、ほんの少量でも殺虫効果が高いという特徴があります。また、作物に浸透して働くので効果が長く持続します。そうした特徴のため散布の手間が省けるので、使用している農家が多いのです。さまざまな商品名で販売されているので、農家さん自身も、どれがネオニコ系農薬なのか、わからず散布しているようです」

尿から検出されたネオニコ系農薬を分析してみると、原体（有効成分）の出荷量の多さと比例していることがわかります（89ページのグラフ）。

「日本では、ジノテフランというネオニコ系農薬の原体出荷量が第1位ですが、尿から検出される農薬もジノテフランがトップで79%、続いて原体出荷量第2位のクロチアニジンが53%の方の尿から検出されています」（八田さん）

これほど多くの方の尿から検出されるのは、食品に残留している農薬を知らず知らずのうちに摂取しているからでしょう。同センターが市販の玄米を調査したところ、297検体のうち4割弱から農薬が検出され、そのうち6割はネオニコ系農薬でした。つまり、日本の米作りの場でも、ネオニコ系農薬は広く使用されているのです。

また、私たちが毎日口にする水道水からも微量のネオニコ系農薬が検出されています。

「埼玉県富士見市在住のスタッフが、2022年3月から5月まで、約10日ごとに自宅の水道水を採取して測定したところ、ジノテフランやクロチアニジンなどのネオニコ系農薬4種類が検出されました。検出された最大値は6・1ppt（クロアチニジン）で、どの農薬も、農作業の繁忙期に合わせて上昇し、田植えの準備をする4月下旬から濃度が明確に上がっています。その理由として、人手不足になっている近年の農家では、苗箱で苗を作るときにネオニコ系農薬の粒剤を混ぜて、苗に農薬を浸透させておくという作り方が主流になっていることが一因だと考えられます。この土塊ごと田植えをすると、長く殺虫効果が得られるのですが、田植えをすることで農薬が溶け出している可能性があります」（八田さん）

富士見市の水道水は、荒川を取水源に持つ浄水場から引かれています。こうした農作業で使用されたネオニコ系農薬が川に流れ込み、水道水から検出されているのでしょう。

ちなみに、水道水の検査は、〝ppt〟（1兆分の1）レベルで、食品検査が〝ppm〟（100万分の1）のレベルであることから考えると非常に小さい値です。

富士見市で検出された量は、一般的な学校の25メートルプールに耳かき1杯弱の農薬が入っているイメージです。

「川には水が滔々（とうとう）と流れているのに、これくらいの濃度で検出されるということは、私た

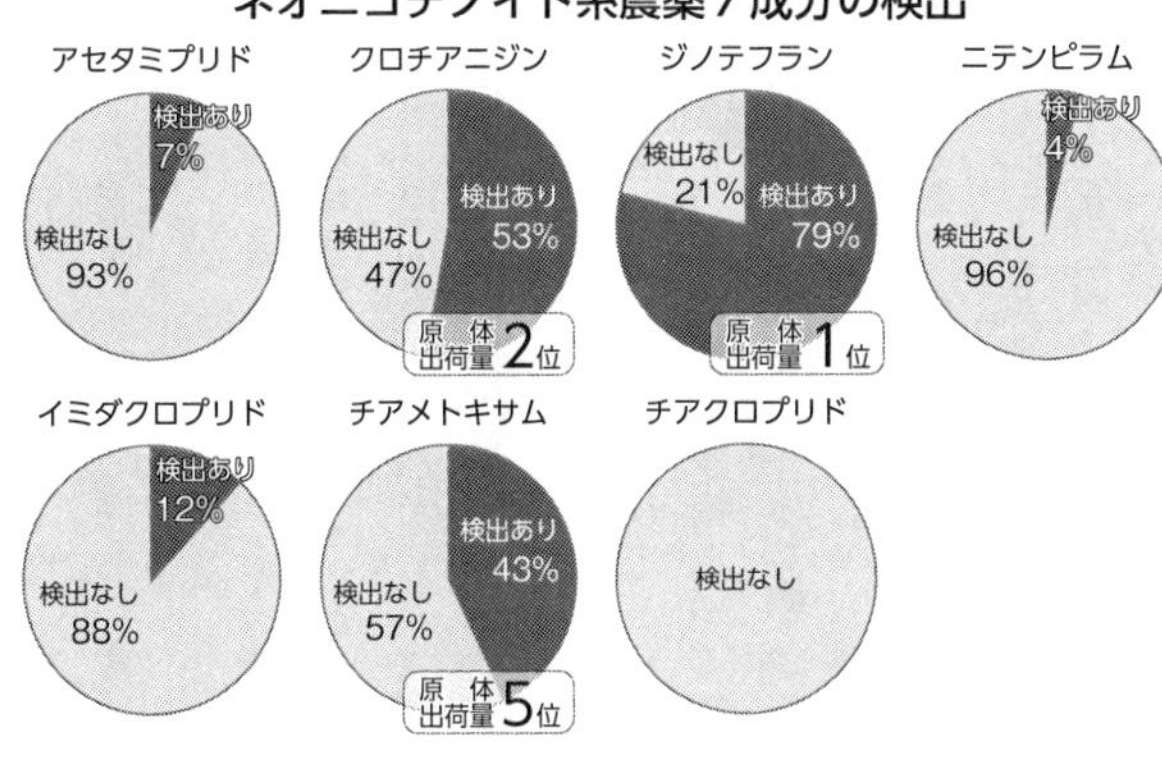

ちがどれほどの量の農薬を使ってしまっているのか、ということを考える必要があります。また、一日にたくさん飲めば、体に入ってくるネオニコ系農薬の〝総量〟はバカにできない量になります」（八田さん）

つまり、濃度は低くても、日常的に摂取する水道水から検出されているということは、非常に由々しきことなのです。

さらに、もっと多量のネオニコ系農薬が水道水から検出された事例もあると言います。

「別の市では、8月に800pptものジノテフランが検出されたという話を聞きました。8月は取水期なので、カメムシ防除のために田んぼに農薬を撒きます。最近はドローンで空中散布しているのです。そういったことが関係していると考えられます」（八田さん）

私たちの生活環境を脅かしているのは、ネオニコ系農薬だけではありません。農民連食品分析センターで検査している食物や尿からは、ネオニコ系農薬に代わる新しい農薬（スルホキサフロル、フロニカミド等）の検出も増えているそうです。

というのも、ネオニコ系農薬は世界で規制が進んでいるので、農薬メーカーは新しい農薬への切り替えを進めているからです。農林水産省も、「みどりの食料システム戦略」のなかで「2050年までにネオニコ系農薬に代わる新規農薬を開発するなどし、リスク換算で化学農薬の使用量50％減」という目標を掲げています。新規農薬がどのようなものなのか大変心配になります。

スルホキサフロルに関しては、死産や催奇形性など胎児への影響があるという報告もありますし、今後明らかになってくる影響もあるでしょう。本来は、こうした農薬を使用しなくてよい環境をつくる必要があるのです。

まだまだ農薬を使わないと農業をやっていけないと思っている農家さんも多いですし、実際にそういう側面はあります。

しかし、農薬が体に悪いことは農家さん自身がいちばんご存じだと八田さんは言います。孫や子どもたちに食べさせるために、自家用の野菜だけは農薬を使わず育てているという農家さんも数多くいます。こんな矛盾は、私たち消費者が農家の方々と一緒になって考え、行動することで変えていくことができます。これは必ず実現できます。

私は戦時中に生まれたのですが、私の子どもの頃は、農薬や化学肥料などを使う農家はまったくありませんでした。それでもやっていけたのです。なぜなら自然の摂理を生かした循環型農業が当たり前に行われていたからです。

私は五島列島で生まれて育ちました。私の家には牛がいて豚も2頭、鶏も平飼いで田んぼも少しあり、あらゆる作物を作って百姓といわれるいわば自給自足の生活だったのです。当時は日本のほとんどの家庭がそのような状況でした。

今でも覚えていますが、子どもの頃、朝起きて、母が桶に入れておいたお米のとぎ汁を飼っている牛に飲ませるのが私の最初のお手伝いでした。米も作っていましたが、稲を収穫したあとは麦のタネを撒きます。いわゆる二毛作です。この二毛作を行うと、米も麦もどちらも収量が増えるのです。そこに輪作（同じ耕地で異なる種類の農作物を周期的に交替させて栽培すること）で豆類を植えると、豆は土中のチッ素を固定する働きがあるので、土地が十分に米・麦・大豆の栄養分を固定します。それが肥料代わりとなって米・麦・大豆についてはまったく化学肥料を使わなくても十分な収量が確保できました。

では、害虫はどうしていたか。米の場合、ウンカという害虫がつくのですが、なたね油を一升瓶に入れて、それを田んぼに少しずつ撒いて、長い竹箒ではらっていくとウンカが落ちて油の中で窒息死します。それを繰り返しやっていました。これが唯一、いままで言えば日本の農薬だったのです。ですから春になると、なたねの花で畑が真っ黄色に染まっていました。日本全国そんな風景が広がっていました。大根、にんじん、たまねぎといった野菜も、みんなタネをとって干していました。それが農家の仕事だったのです。

いまこそ私たちが声を大きくし、世論で後押しすることでそうした循環型農業を取り戻す時期にきているのだと思います。

第五章

日本のタネを守ろう

農薬規制と同じようにタネも逆行する日本

アメリカのジョンソンさんがラウンドアップ裁判に勝訴して以来、世界29か国でグリホサートが主成分の除草剤が禁止されました。しかし、日本だけがグリホサートの残留基準値を大幅に緩和したり、欧米でも禁止・規制が進んでいるネオニコ系農薬の使用を野放しにしたりしているのは、なぜでしょうか。

地方を回っていると、よくこうした質問を、みなさんから受けることがあります。

じつは、種子法の廃止、種苗法の改定も同じような問題をはらんでいます。

世界の流れは、SDGsの考えに沿って、持続可能で多様な生態系の保存のために、伝統的な在来種の保存に力を入れています。しかし、日本だけは種子法を廃止してしまいました。それまでは、主食である米・麦・大豆類の伝統的な在来種を都道府県が品種改良し、安全で優良な種子を安価に農家に提供していたのに、国はそれをやめさせて一代限りのF1の種子やゲノム編集、遺伝子組み換えの種子などの作付けを進めようとしているのです。

種子法廃止で米・麦・大豆の種子が多国籍企業に支配される

本来ならば、食料・農業・農村政策審議会にかけて農家の意向を聞き、十分審議しなければならないにもかかわらず、日本政府は突然、2017年2月に規制改革推進会議の決定だけで「主要農作物種子法」（以下、種子法）の廃止法案を国会に提出しました。わずか6時間足らずの衆議院、参議院の審議で当時の自公政権が強行採決して成立させたのです。これについても、新聞やテレビなどでは、ほとんど報道されませんでした。

1952年に制定された種子法は、先の大戦中に食糧不足で国民が困窮した経験からできた法律です。米や麦など主食に欠かせない作物の種子育成のために国の補助金を投入し、安定的に優良な米、麦、大豆の種子を農家に提供してきたのです。しかし、政府は、この命綱を廃止してしまったのです。それどころか、政府は各都道府県に対し、「これからは米・麦・大豆は公共の種子を廃止して、より収量が期待できる民間の種子に頼ることにしたので、米の種子では三井化学アグロのみつひかりや、豊田通商のしきゆたか（いずれもF1の品種）、（株）ふるさとかわち（日本モンサントの代理店）のとねのめぐみなど、民間の種子を農家に奨励してほしい」と言って回ったのです。

F1の種子といっても初めて聞かれる方もいるかと思いますが、F1の種子は米なら米の種類の違うものをかけあわせた「雑種強勢」という手法で、確かに形が揃ったりしますが一代限りです。在来種に比べると、栄養価も1／3から1／5に落ちています。ちなみに野菜の種子は、40年ほど前まで、すべて伝統的な在来種でした。しかし、いまでは大根、にんじん、かぼちゃ、きゅうりなど、ほぼ90％の野菜の種子がF1に変わってしまいました。これらの種子の90％は海外で多国籍アグリ企業によって委託生産されています。

一代限りですから、農家は毎シーズン種子を購入しなければなりません。ＪＡ茨城県中央会代表理事会長・八木岡努さんは、野菜の種子価格はかつて一粒1円か2円だったものが、今では40円から50円に高騰し、さらにあがり続けていると心配しています。農水省が推奨して回った三井化学アグロのみつひかりでも、1キロあたり４０００円ですから、コシヒカリの8倍から10倍も高い価格で売られているのです。

これらの種子をどこが生産しているのでしょうか。モンサント社を買収したバイエル社、コルテバ社（ダウデュポン社から分離した新会社）、世界最大の農薬会社シンジェンタを買収した中国化工集団。この3グループで世界の種子の7割を支配していると言われています。これらの多国籍アグリ企業は同時に世界の農薬と化学肥料の7割のシェアを持っているのです。これらの民間企業が作った米の種子は、すでに日本でも数千ヘクタールと作られています。住友化学の「コシヒカリつくばＳＤ1号」の生産者との契約書を入手しましたが、種子と農薬、化学肥料はセットで販売され、そのすべてを使い切らねばならない契約になっています。

私は、三井化学アグロの「みつひかり」の生産者もかなり回って調べましたが、コシヒカリなどより化学肥料を3割ほど多く使用させられるので、最初は確かに収量が上がるものの、3年目からは土壌、地力が化学肥料のために弱ってしまうのか、収量が落ち込んでやめていく農家もいくつかありました。

ところがこの「みつひかり」ですが、2023年2月、農水省は「交配不良で強度が不足」との理由で種子として失格であることを明らかにしたので、三井化学アグロは突然供給をやめることにしました。岐阜県では約400ヘクタールの契約農家が悲鳴を上げています。各県の公共の種子であれば県が責任を持って賠償金を支払ってきていますが、製物責任法（PL法）においても種子については三井化学アグロに賠償金を請求できないことになっています。

市民の力で実現した、地方での種子条例

真相が報道されなかったので、種子法が廃止されたあとも私は米の専業農家や農業団体を回ったのですが、いくら話しても「まさか自民党政権がそのようなことをするはずがない」と取り合いませんでした。

農水省は、JAなどの農業団体に対しては「種子法を廃止しても、これまで通り米・麦・大豆の種子は優良なものを安定して提供されるようにするので心配いらない」と説明して回っていたのです。

ところが次第に真相がわかってきて、消費者を中心とする市民からも、これまでのように伝統的な在来種の美味しいコシヒカリなどが食べられなくなる、と不安を訴える声が上がり、農家も騒ぎ始めたのです。それで農水省も、慌てて各都道府県に種子制度の要綱をまとめさせました。ところが要綱は、たんなる内部の規則に過ぎません。そのため、これまでの種子法のように〝法律上の義務〟として、各都道府県が「その地域の気候風土に適した優良な米・麦・大豆の種子を安価に安定して提供できる」よう、地方の法律である種子条例を制定する動きが地方から出てきました。

こうして、最初に新潟県、兵庫県、埼玉県が種子条例を制定。２０１９年には、次々と同様の条例が成立したのです。

２０２３年4月現在で北海道から沖縄まで33の道県で成立しました。

国会でも、野党が提案した種子法廃止撤回法案について、与党自民党も審議に応じて現在継続審議中です。このように、諦めずに地方から変えれば国も変わるのです。

種子法が廃止されて、いま私が心配するのは、２０１９年から農水省がゲノム編集の種子を有機認証できないか、と正式な検討会を開いて手続きを進めていることです。

ゲノム編集食品のリスクは、第三章で詳述しましたが、実際に私は、茨城県つくば市の農研機構の圃場（ほじょう）でゲノム編集米の栽培状況を見学してきました。既にゲノム編集の米「シンク能改変イネ」、そして遺伝子組み換えの米「ＷＲＫＹ45高発現イネ」も開発されているのです。

ＥＵ各国は、「ゲノム編集は遺伝子組み換えそのものだ」として、禁止もしくは規制しています。アメリカでも、ゲノム編集の種子による作物は流通していないのに、日本だけ、「ゲノム編集食品は遺伝子組み換えとは違って安全なもの」として２０１９年に安全審査手続きも食品表示も不要、届け出も任意でよいとして流通を許可してしまったのです。２０２２年に成立した「みどりの食料システム戦略」の有機農業の説明のなかでも「地球にやさしいスーパー品種」という言葉が出てきますが、これはゲノム編集の種子のことで農水省も否定していません。

政府は日本の優良な育種知見を民間に提供させる法律を制定

日本ではまったく報道されませんでしたが、２０１７年に政府は、種子法廃止と同時に「農業競争力強化支援法」を制定し、同法第８条第４項で、農水省の育種研究機関である独立行政法人「農研機構」及び、各都道府県の試験場などで品種改良を重ねながら開発された優良な育種知見（すなわち国と地方の知的財産権）を、「民間企業から要望があれば提供しなさい」としています。この法律は、２０１８年から施行されました。

一方では、いまだに新聞やテレビなどで、「日本の優良な育種知見が海外に流出している」と、同法律と矛盾したことが報道され続けています。

当時国会で、同法案の審議の際に小山のぶひろ衆議院議員が、「海外の事業者（モンサント社等）から提供を求められた場合も提供するのか」と聞いていますが、政府は「そうです」と答えているのです。

この法律が施行されて5年になります。「どのような優良な育種知見が民間企業に提供されたか」を何度も問い合わせてきましたが、農水省はここにきてようやくその概要を明らかにしました。

それによれば、国の農研機構の品種が1980件、各都道府県の農業試験場などによる育種知見420件が、民間に提供されたことが明らかになりました。

私たちは政府に対し情報公開法に基づいて、「流出されたとされる1980件の育種知見とはどのようなものなので、どこの民間（企業）に、どれくらいの価格で提供したのか明らかにしてほしい」と要請したのですが、「民間との契約なので民間からの同意が得られなければ明らかにできない」としてそれ以上明らかにしていません。

ところが、2022年4月、福岡県の「日本の種子（たね）を守る会」の原竹岩海県議が情報開示申請したところ、イチゴの品種「あまおう」が会社名は黒塗りのままで株式会社に提供されていたことが明らかになりました（次ページ参照）。

政府は、種苗法改定のときに「シャインマスカット」や「あまおう」が海外に流出しているから種苗の自家採種（増殖）禁止が必要だと説明しましたが、まったく矛盾しています。

この、農業競争力強化支援法第8条4項に対して、種子法廃止のときのように地方から条例で守ることはできないのでしょうか。

沖縄県が2022年4月、日本で初めて種苗条例を制定しました。

沖縄県はもともと、米・麦・大豆等ではなく、サトウキビが農家の主要な農作物です。ゴーヤ、パパイヤ等亜熱帯の品種、また大根でも島ごとに品種が違うように多様な生態系のもとで種子資源の宝庫といえるところです。それらの多様な品種を発掘調査して、保存管理するとした画期的な条例を制定したのです。そのなかで民間企業から、たとえば日本モンサント社等から、県の開発したサトウキビなどの優良な育種知見（知的財産権）の提供を求められた場合、審議会を設置してそこで検討してもらうことにしたのですが、それだけでも育種知見流出の歯止めになります。

審議の際、沖縄県の県議会では立憲民主党の喜友名智子県会議員が「沖縄県の優良な育種知見は県民の財産だから県民の代表である県議会の承諾も必要ではないか」と主張し、

３０農林試第３４５３号
平成３０年　９月　　日

■■■■株式会社
■■■■　■■　殿

福岡県農林業総合試験場長

イチゴ品種「福岡Ｓ６号（あまおう）」の分譲について（通知）

このことについて、下記のとおり分譲しますので確認書を遵守の上、ご活用ください。

記

１．　分譲する種苗の品種名及び数量
「福岡Ｓ６号（あまおう）」　２０株（９㎝ポット苗）

２．　分譲に当たっての遵守事項
平成３０年　９月１４日付け確認書のとおり

玉城デニー知事もかなり前向きに検討してくれたのですが、今回の条例ではそこまでは行けませんでした。現在、新潟県、茨城県等一部の県で、農家や市民グループの間で、新たに種苗条例を制定する動きが出てきました。

種苗法改定で自家採種（増殖）を禁止する

ところがそれだけにとどまらず、政府は２０２０年9月、抜き打ち的に会期41日の臨時国会で、種苗法を改定し、農家の自家増殖・採種を禁止する法案を提出したのです。そして日本の優良な育種知見、たとえばシャインマスカットやイチゴのあまおう等が、農家から海外に流出するのを防ぐためには、種苗法を改定して、国が種苗を管理しなければならないとして法改正が必要だと説明したのです。

種子法廃止のときとは異なり、このときには新聞やテレビも一斉に報道しました。報道は中国や韓国であまおうやシャインマスカットが生産されて日本に輸入されているとの内容だったので、みなさんのなかには「種苗法改定はもっともだ」と納得された方も多かったのではないでしょうか。

しかし、事実は報道とは異なるのです。

もともと人類は、1万年も昔から収穫した農産物のなかから良いタネを残して、翌年それを蒔いて作物を収穫しそれを食料として命をつないできました。

日本も批准している食料・農業植物遺伝資源条約でも自家採種は農民の権利とされています。アメリカ、ＥＵでも、自家採種（増殖）は特定の場合を除いて原則自由です。かつて40〜50年前に、モンサント法と呼ばれて自家採種禁止法案がアメリカの圧力で中南米、インドなどで成立したことがありましたが、農家はタネの採種を禁じられてモンサント社の遺伝子組み換え種子をフォーマルな種子として買わされ、インドでは20万人の農民が自殺したことは有名な話です。この法案が施行されるとコロンビアなど各地で農民の暴動が起こって、各国とも法律を停止せざるを得なくなり、２０１３年までにはメキシコもブラジルも次々に廃止するに至りました。にもかかわらず、まさか日本で、しかも令和の世の中になって、本当にこのような法案が政府から出されるとは私は思いもしませんでした。

自家採種禁止法案は制定させてはならない――。

私は当時、原村政樹監督と映画『食の安全を守る人々』を制作中でしたので、監督にお願いし、急ぎタネについての部分だけ切り取ってＤＶＤにしていただきました。でき上がったばかりのＤＶＤを持って、１週間で１００人を超える国会議員に事情の説明に回ったのです。

もともと、種苗法は国内法ですから、海外まで取り締まることは無理なことです。しかも、改定前の種苗法でも海外への持ち出しは21条4項ではっきりと禁止されていたので、改定する必要などまったくなかったのです。国会での審議のときにも、参議院の石垣のりこ議員からの「シャインマスカット等日本の優良な育種知見が日本の農家から海外に流出したことがありますか」との質問に農水省は「そのような事実はつかんでいません」とはっきり答えています。国会でウソの答弁をしたら偽証罪になりますから、本当のことを述べざるを得なかったのです。

さらに同法では、「自家採種すると10年以下の懲役または1000万以下の罰金。法人では3億円以下の罰金が科され、共謀罪の対象になる」と、厳罰を科すことになっています。審議の際に当時の宮川伸衆議院議員の「日本ほど厳しい法律で自家採種を禁止している国がほかにあるのか」という質問を受けて、農水省は「ほかにイスラエルが挙げられる」と答えました。この法案は自民党を中心として賛成多数で採決され国会で成立してしまいました。

農家も市民グループも黙っていたわけではありません。

私が原村監督に頼んで制作したタネについての部分を切り取ったDVDが、思いがけないことにその後、映画『タネは誰のもの』となり、映画館で次々に上映され、2020年のキネマ旬報「文化映画ベストテン」の7位に入りました。さらに原村監督はじめスタッフ一同は、戦後映画界の巨匠、山本薩夫監督の呼びかけにより設立された、戦後の平和と民主主義のために尽くした作品に贈られる「日本映画復興奨励賞」を受賞しました。

映画も多くの方に見ていただきましたが、「日本の種子（たね）を守る会」も『タネを守ろう！　そうだったのか　種子法廃止・種苗法改定』小冊子を上梓（じょうし）し、ポプラ社の協力で200円で販売したところ、3万冊も売れました。

市民グループや、それに呼応して地方議員たちの各都道府県への働きかけが始まりました。

道県から登録品種の自家採種を認める動きが

長野県は2021年4月、県の開発した登録品種の使用については、改定前の種苗法通りに、許諾申請手続きも許諾料も原則必要ありませんと発表しました。ちなみに長野県の農家の7割は、県の登録品種を栽培していると言われています。長野県の決定は、特定の品種を除いては、県民だけでなく全国の農家にも同じ扱いをすることを定めています。

この動きは、北海道、山梨県と次々に波及して、県によってそれぞれに違いはあるものの、現在では38の道県で、自家採種（増殖）は原則従来通り許諾申請手続きも許諾料もいらないことになりました。国も、農研機構の登録品種については果樹を除いて原則として自家採種（増殖）自由となりました。

しかし気になる動きがあります。

農水省は２０２１年4月から、農家の自家採種について、それぞれの農家がどのような品種を自家採種しているかを市町村や農協などの組織を通じて密かに調べている、という噂が私のところによく聞こえるようになってきたのです。

２０２２年7月9日の日本農業新聞にも次のような記事が掲載されています。民間企業の登録品種も含めて、国が弁護士も雇い入れ、種苗が違法に自家採種されていないかどうか監視するための機関を設置するとのことです。

政府は当初から登録品種について自家採種禁止になっても、登録品種を栽培している農家は10％にも満たないので影響はありませんと説明していました。

ところが、国会審議で森ゆうこ議員が、２０１５年の農水省調査では52・２％の農家が登録品種の自家採種（増殖）をしていることを明らかにしました。自家採種禁止の法律は２０２２年4月から施行されていますが、本来ならば、半数以上の農家を逮捕しなければならなくなります。

国が今年取り締まりをしなかったのは、ほとんどの農家が登録品種を自家採種しているか否かをわかっていなかったので、1～2年の間、激変緩和のための猶予措置をとったの

2022年07月12日　（火）　日本農業新聞　朝刊　生活・社会１２版遅

種苗法改正 高接ぎ制限 現場は困惑

実情合わない申請方法 ■ 品種普及妨げる恐れ

種苗法の改正で今年4月から、果樹登録品種の自家増殖が許諾制となり、高接ぎに制限が加わることへ農家の困惑が広がる。農研機構の育成品種は、受付単位が100本と大きく、事前申請が必要など手続きが複雑だからだ。団体申請を認めるが作業の性質上、取りまとめは難しい。佐賀県のJA伊万里梨部会は「円滑な品種更新などへの支障が出るのではないか」と懸念する。（岩瀬繁信）

高接ぎして伸びた「甘太」の枝を見る松本さん（佐賀県伊万里市で）

伊万里市で梨1㌶を作る松本健一郎さん（71）は、農研機構の新品種「甘太」の枝を見ながら「高接ぎのメリットは多い」と話す。5年前、産地でいち早く「甘太」を導入した松本さんは高接ぎで増やし、今年で収穫3年目を迎える。成木に穂木を接ぐ高接ぎは、苗木を植えるより収穫が1、2年早い。高い糖度や食味の良さなどが部会で評判となって普及が加速し、現在約3㌶に広がる。

難しい本数申告

ところが来シーズンから高接ぎができなくなる恐れが出てきた。高接ぎは自家増殖に当たり、種苗法の改正によって原則自由から許諾制となった。農研機構は個人申請では1本100円、団体申請では同50円と料金を設定する。ハードルとなるのは申請の方法で、100本単位で受け付けるが、同部会では本数が満たない農家が多い。申請はホームページだけで受け付け、問い合わせ先の電話番号は明記せず、高齢農家らには難しいという人もいる。

団体申請が頼みの綱だがJA園芸特産課は「難しい」と明かす。132人の部会で事前に品種名、栽培予定面積、増殖する時期などを取りまとめる事務作業の複雑さに加え、作業の都合上あらかじめ本数を決めることに無理があるという。

成木はそれぞれ個性があり、どこに何本接ぎ木するか微妙な判断が必要だ。同じ大きさの木を更新する場合でも、3本接ぐことも、10本接ぐこともある。作業をしながら忙しさを考慮して本数を変えることもあるという。

柔軟な対応訴え

接ぎ木の作業時期は春に限られる。時期を逃すと1年待たなければならない。JAは事後の申請を認めるなど柔軟な対応を訴える。

部会で「甘太」の導入を進める理由は、品質の高さに加えて同じ晩生だが温暖化の影響で作りにくくなっている「新高」の代わりとしたいからだ。法改正の主な目的は、優良品種の苗木が海外へ持ち出されるのを防ぐためとされる。松本さんは目的に理解を示すも「高接ぎは海外に持ち出す目的ではないのに」と肩を落とす。このことに農研機構は「貴重な意見として今後の参考にしたい」とコメントした。

日本農業新聞2022年7月12日朝刊より

ではないでしょうか。

しかし国は、果樹については猶予しなかったので、ここにきて不平不満が吹き出ています。

国の登録品種シャインマスカット等もそうですが、果樹においては農家は一本に100円という新たな負担を負わなくてはならなくなりました。しかもネットで一度に100本以上（現在では50本以上に改正）の申し込みをしなければならなくなり、高齢者の多い果樹農家の間ではネットに不慣れなために悲鳴が上がっています。茨城県笠間市は栗の特産地ですが、2022年度から自家増殖が原則禁止されたので一本の価格が高騰。農家が悲鳴を上げ、市が1／2の助成金を出すことになりました。

このところ農家やJAの間からは、各県の登録品種について許諾手続きも許諾料も必要としない措置は県の単なる内部決定なので、担当者が変わればすぐに取り消される恐れがあることから、条例で恒久的なものにしてほしいと、種苗条例を求める声が上がり始めました。

できるだけ農家の負担を減らして、食糧危機に備えて国産食品の自給率を上げるためにも是非必要な対策だと思います。

いますｓ。

自家採種禁止の国内での取り締まりが始まる

ところが、改定種苗法が施行されても各都道府県の「激変緩和」措置によってしばらく猶予されると思っていましたが、２０２３年度から取り締まりがいよいよ実際に始まっています。

実は２０２２年12月22日に農水省は「我が国における育成者権管理機構のあり方」について、検討会での意見書をまとめたのです。

その論点整理のなかに、「許諾料が低廉なことにより、損害賠償の推定額が低額にならざるを得ず、侵害に対しての抑止力を十分に果たしていない」と書かれています。

そのために、国の内外においての監視対応の取り締まり機関を国がフォローアップして民間で設置することが望ましいとの提言です。かつてモンサントが中南米で遺伝子組み換えの作物を農家が自家採種しているのではと調査員制度を設け、花粉の交雑によるものまで裁判を提起して「モンサントポリス」と怖れられたのは有名な話です。このモンサントポリスのような制度を公費で設置しようとしているのでしょうか。

さらに、茨城県のＪＡ常陸の秋山豊組合長は、２０２３年２月４日に行われた「日本の種子（たね）を守る会」の全国勉強会で次のように発表したのです。

「今年から農研機構の登録品種であるサツマイモの「紅はるか」が、ＪＡでもこれまでのように直接農研機構から種苗を購入できず、農研機構が指定した民間の種苗会社からウィルスフリー苗を購入せざるを得なくなりました。これまで農研機構から直接購入できたものができなくなって、これまで必要とされていなかった許諾手続き、許諾料、民間種苗会社へのライセンス料が種苗価格に転嫁されることにより、農家の負担はますます大きくなっていくことになります」と。

全国から集まったメンバーは大変な衝撃を受け、みんなで対応策について真剣に意見交換しました。以下がそのまとめです。

種子法が廃止されたときに地方から米、麦、大豆の種子を守るために条例を作ったように、種苗条例を制定して地方から農家の自家採種（増殖）の権利を守ろう。

①都道府県で開発した品種は住民の税金で開発されたものだから、民間から求められても生産者、消費者、学識経験者で構成する審議会を設け、かつ県会議員の過半数の同意が得られなければ提供できないように規制する。

②都道府県が開発した品種は、今までのように許諾手続き、許諾料も必要としないようにする。

③国（農研機構）の品種については政府、国会に働きかける。

TPP協定によって脅かされる日本人の健康と命

各国が規制しているさまざまな農薬を、なぜか野放しにしている日本。

そのうえ、数千年もの間、私たち日本人の命をつないできたタネまでも、主要農作物の公共の種子を廃止し、民間企業の金もうけのツールにして、農民の権利である種子の自家採種まで禁止するのはなぜでしょうか。

誰でも持つ素朴な疑問です。

実は、このような理不尽な行為を日本政府が続けているのには、それなりに理由があったのです。

覚えているでしょうか。

2012年12月の総選挙で、当時の自民党総裁だった故・安倍晋三氏が、「ウソつかない。TPP断固反対。ブレない。」と大きなポスターを大量に貼って、当時の与党であった民主党に大勝して政権を奪還したことを。

安倍氏は総理に就任して、半年後、舌の根も乾かないうちに、「日本の農作物の重要品目は必ず守る」と、堂々と嘘をついてTPP交渉を始めたのです。

2016年2月、ニュージーランドとのTPP交渉合意の署名式のとき、日本政府はアメリカとの間で日米TPP交渉並行協議による「保険等の非関税措置に関する日米並行交渉に係る書簡」を交わしました。内閣府のホームページで誰でも見ることができますが、そこには次のように記載されています。

「……日本政府は投資家の要望を聞いて各省庁に検討させ、必要なものは規制改革会議に付託して、日本政府は同規制改革会議の提言に従う……」

内閣府の規制改革推進会議とは、小泉純一郎元首相のときに、郵政民営化を鳴り物入りで実現し、郵政事業をアフラックに売り渡した竹中平蔵氏（パソナグループ元会長）、宮内義彦氏（オリックスシニア・チェアマン）らが委員として参加しており、一躍有名になったところです。

ＴＰＰ協定は、全部で21章８０００ページからなるもので、第17章に「国有企業及び指定独占企業」があります。公共事業、たとえば水道、学校教育、医療、ＪＲ、地下鉄、そして種子も国が管理し、都道府県によって優良な種子を農家に安価で提供することも含まれます。農水省の育種機関である「農研機構」は指定独占企業にあたります。日本の公共事業は総額70兆円とも言われていますが、これらの事業すべてをＴＰＰ協定では公平で自由な競争原理のもとで、民間企業に開放することになっているのです。

卑近な言い方をすれば、これまで国、地方自治体が果たしてきた公共事業を、すべて多国籍企業や日本の大企業の金もうけのために、郵政事業がアフラックになったのと同様、明け渡すことになってしまいます。

国はすでに水道法を改定して、各市町村の水道事業を公設民営化してヴェオリアグループ等の多国籍企業に明け渡しています。そのために国民の命と健康にとって大切な水質基準についてもゆるめられています。

また、残留農薬の安全基準や食品添加物についても、TPP協定による日米間の並行協議では次のような覚書が交わされているのです。

TPP協定の日米間の付属書ではポストハーベスト農薬について、1項目を設けて合意しています。そこには、「日本の厚生労働省は収穫後の防カビ剤とポストハーベストを統一して承認して効率化を図ることを、日本政府は承諾した」と書かれています。

また、日本で残留農薬の基準を決める60日前には、アメリカのデュポン社などの農薬メーカーから意見を聞いて、それが貿易の円滑化を妨げるようなものであってはならない、と規制されているのです。また、食品添加物についても、日本で認められているのは600種類足らずですが、アメリカでは1600種類以上はあると言われています。TPP協定では、日米間の付属書の第2項で「日本は46の品目については承認する」ことを約束したと記されています。

現在、アメリカのデュポン社やバイエル社や、製薬会社のファイザー社などは、新しい農薬や食品添加物の開発で激しい競争を続けています。今後、どのようなリスクの高い農薬や添加物が開発されるかもわかりません。ところが、TPP協定では、こうした多国籍企業が開発したものについては、それらの企業が提出した安全性の検証データだけで日本に輸出できるようになっています。

つまり、こうして考えると、種子も農薬も、新型コロナウイルスワクチンも、国内での生産を放棄して、多国籍企業の要望や規制改革推進会議の提言通りに、国会の審議もろくにせずに日本を売り渡しているとしか思えません。

私には、ここ十数年の異常なまでの発達障害の増加を見ると、私たち日本人の健康、ことに子どもたちの健康まで損なわれようとしているとしか思えないのです。

かつて一緒にTPP反対運動をしていたアメリカのNGO・パブリックシチズンのロリ・ワラックさんが、「山田さん、世界の多国籍企業600社のロビーストたち少なくとも100人ぐらいは東京で日夜、政治家、官僚、財界人のところを回り、豊富な資金を使ってロビー活動をしているのですよ」とおっしゃったことがありますが、まさに彼らは旧統一教会のように、ここ20年、日本の政治を動かしてきました。むしろ旧統一教会のロビー活動などの比ではないのです。

ＴＰＰ交渉差止・違憲訴訟を東京地裁に申し立てる

私は、民主党内閣のときに農林水産大臣を務めていたのですが、突然ＴＰＰ交渉参加が閣議で持ち出され、猛反対をして大臣をやめることになったいきさつがあります。

日本国憲法で日本の政治の仕組みは、司法（最高裁）・立法（国会）・行政（内閣）の三権分立が建前になっています。

ところがＴＰＰ協定では、日本の最高裁判所の判断よりも、多国籍企業の代理人弁護士で構成されている、世界銀行の紛争解決委員会の決定が上位にくるのです。このようなことでは日本は独立国とは言えません。さらに前述したように、内閣が規制改革推進会議の提言に従うことにより、国権の最高機関である国会を無視して内閣の閣議決定だけで政治をどんどん進めることになります。

しかも、安倍晋三内閣のときには、閣議決定が法律に反していないかどうか審査する内閣法制局の局長人事まで自分たちに都合のいい解釈をする人になるよう強引に決めてしまいました。そのため、安倍氏の国葬問題で浮き彫りになりましたが、閣議決定だけでなんでも決めてしまう、なんでもありの政治になってしまったのです。

私も大臣だったので、週に１回の閣議に出ていましたが、各省庁の省令から人事案まで閣議決定事項は10も20もあるため、わずか１時間ほどの審議時間だけで国の方針を議論することは、ほとんど不可能な状況にありました。

そのような状況のなかで、私はなんとしてもＴＰＰ協定だけは止めなければならない、憲法に基づいて日本の司法、裁判所の判断を求めるしかない、と駆けずり回りました。

そして、私たちは２０１５年５月、弁護団１５７名、原告１０６３名で東京地裁にＴＰＰ協定交渉差止・違憲訴訟を申し立てたのです。このことはほとんど報道されることはありませんでした。

２０１７年６月７日、東京地裁で第１審の判決が言い渡されました。

残念ながら私たちの主張は認められませんでした。「いまだＴＰＰ協定は発効されておらず、それに伴う法律の改正施行もなされていないので、国民の権利義務に変わりはない」として棄却されたのです。

しかし、当時すでに先述した種子法が廃止されていたので、私たちは「これはＴＰＰ協定によって廃止された」と主張して東京高裁に控訴して争いました。ただ、結果として高裁でも棄却されてしまいました。

ところが、高裁の判決理由のなかで「種子法廃止の背景にＴＰＰ協定があることは否定できない」と判示されたのです。最高裁も高裁の判決を踏襲したので、日本の司法は間接的ですが種子法廃止がＴＰＰ協定によるものであることを認めたことになります。

その頃、各都道府県では種子法廃止は大変なことだと、農家や地方の市民グループが動き始めたのです。

種子法廃止は私たちの食への権利を侵害しており違憲である

私たちは再び原告団を結成して、２０１９年5月、種子法廃止違憲確認訴訟を東京地裁に申し立てました。

この裁判が面白くなりました。

みなさんも学生時代に勉強したように、憲法25条には私たちの基本的人権として生存権、健康で文化的な最低限度の生活を営む権利があると書かれています。私たちは憲法によって安全な食料を持続的に安定して国から供給される権利を保障されているのです。憲法9条によって私たちには平和を求める権利があることを、自衛隊イラク派兵差止訴訟によって日本の司法が認めたように。

つまり私たちは、種子法廃止は憲法上保障されている食への権利に違反して無効である、と主張して新たに申し立てをしたのです。

このことについては、２０１９年に弁護団が執筆した書籍『消された「種子法」』（かもがわ出版）に詳しく書かれていますので是非読んでください。

原告1533名、代表は池住義憲、弁護団は田井勝、岩月浩二と私で共同代表をしていますが、一緒に古川健三、平岡秀夫、嶋田久夫先生など原発、アスベスト、イラク派兵差止訴訟にもかかわったベテランの12名あまりの弁護士がメインになっています。この4年もの間、2週間に一回は集まり、憲法学者を招いて勉強するなどし、コロナが蔓延(まんえん)してからはオンラインで、熱心に打ち合わせしながら裁判を進めてきました。

その熱意が通じたのか、裁判長が国側の代理人である検察官に「原告の主張にまともに反論しないと国も不利益を受けることもありますよ」と国側に具体的な反論を促したのです。

少し難しい話になりますが、我慢して読んでいただけませんか。

これまでは国側は、「憲法25条の生存権の規定は、その内容を定める具体的な法律がない限り、抽象的なプログラムである」と解釈して、それが今日まで踏襲されてきました。

しかし、司法試験を受ける人ならご存じと思いますが、東京大学教授だった芦部信喜さんが、「憲法25条の解釈は、国際法の解釈に従って具体的な権利としなければならない」とする説を発表しており、それがいまでは、憲法学者の間で通説といえるものになっています。

日本が批准した国際法である社会権規約の同じ25条に同じような「生存権」の規定があ

り、それでも国側はまともに反論をしないのですが、法廷において思いがけないことが起こりました。

裁判長が、映画『タネは誰のもの』の縮小版を国側の主張を退けて公開の法廷で観ると述べたのです。原村政樹監督も張り切ってさらに新たに取材撮影をした裁判用の映画を制作し、公開の法廷で上映しました。

それだけではないのです。証拠調べの実施を決定して、私たち弁護団が申請した証人6人をすべて十分な時間をとって調べていただきました。

2022年6月3日、一日かけて、食料危機を訴えて全国を駆け回っている、東京大学教授の鈴木宣弘さん、憲法学者の土屋仁美さん、山形県の種子栽培農家の菊地富夫さん、栃木県の有機栽培農家の舘野廣幸さん、栃木県の農業試験場に長年勤めて種子の品種改良、審査などを担当していた山口正篤さん、消費者の代表としてパルシステム東京（生協）の前理事長である野々山理恵子さんに、法廷で証人として陳述していただきました。

証拠調べが終わって原告団と弁護士との意見交換会のなか、菊地さんが「これまでは（勝訴は）無理かなと思いながら証人にもなりましたが、今日の証拠調べで、もし素直な心を持つ中学生が裁判官であったら必ず勝てる裁判だと思い、もう少ししっかりやればよかったと思いました」と語って、みんなでどっと笑いました。当日の証拠調べの内容を収録したものをブックレット『私たちに「食料への権利」を！　種子法廃止・違憲確認訴訟証言集　２０２２』にしてＴＰＰ交渉差止・違憲訴訟の会から発行しました。１冊７００円（税込）で販売しています。

最終弁論は、２０２２年10月7日に行われたのですが、最終準備書面は70ページにもなりました。

判決言い渡しまでの間、私たちは「食への権利」を認めてほしいとネットでの署名を集めました。途中から紙署名も集めましたが、短期間で合計５万３７２４名分の署名が集まり、国民のこの裁判に対する関心の高さを改めて思い知らされたところです。

そして23年3月24日、判決が言い渡されました。残念ながら敗訴しました。

しかし、違憲訴訟の行政訴訟で実態の審理に入るのは大変難しいのですが、原告・種苗生産者の菊地富夫さんについて、実態を調べなければいけないと判断され、判決理由の中では、食への権利についても踏み込みました。国側の代理人は、憲法25条は一般に抽象的な規定だとされているので、食への権利は認められないとしていたのですが、判決理由の中で憲法25条1項にいう「健康で文化的な最低限度の生活を営む権利」の実現に向けて、一定程度の衣食住の保証が必要になることは否定できないものの、と国側の主張を退けて、「食への権利」があることを初めて日本の裁判所が認めたのです。

ただし菊地さんにおいては、山形県ですでに種子条例（種子法に代わる条例）ができていて、実害がなかったこともあって棄却されました。非常に残念です。

私たち弁護団は早速4月6日に東京高裁に控訴いたしました。これから種子栽培農家の危うい立場についての立証を重ねて、控訴審で再び闘う覚悟です。

第六章

食を変えれば体が変わる

食の見直しで、薬では治らないものが改善される

83ページで、アメリカ在住のゼン・ハニーカットさんが、お子さんたちの食事をオーガニック食品に変え、また収穫前にラウンドアップの撒かれた小麦の摂取もやめさせたところ、リーキーガット症候群やアレルギー症状が短期間に改善されたということはお話ししました。

日本でも、これと同様のことが起きています。

映画『食の安全を守る人々』にも登場している、たかはしクリニック（長野県中野市）の院長・髙橋嗣明さんの元には、大人では、他院では治らない難治性疾患や末期がん、また子どもでは、肌荒れや難治性のアトピー性皮膚炎、さらには自閉症や注意欠陥多動性障害などを抱えて悩んでいる人たちが訪れます。

こうした疾患の一因には、農薬や添加物、または他の化学物質も含めた複合的な影響もあると考えられますが、髙橋先生は、疾病の原因を明確に突き止めるのは難しいと言います。

しかし、腸に炎症を起こしやすい遅延型（すぐにはならないものの食べ続けるとアレルギーになる）アレルギーの食材を避け、加工食品やジャンクフードを禁止し、生活全般に潜む化学物質をなくすことで、多くの子どもの症状に改善が見られるそうですから、食事や肌に触れる身の回りの製品が影響していることはまちがいありません。症状の発生はその人その人の持つ解毒能力に起因するそうです。

高橋先生は、クリニックを訪れた患者さんを診察する前に、必ず食生活をヒアリングします。すると、不調を抱えているお子さんの多くがスナック菓子やハンバーガーなどのジャンクフードやジュースなどを日常的に摂取しているそうです。

加工食品には、さまざまな添加物が使用されていますし、原料や飼料には遺伝子組み換え作物が使用されています。残留農薬の多い食品を食べている可能性もあります。こうした食品を日常的に食べていると、どんどん分解できない食品添加物や農薬が腸内に蓄積されて炎症を引き起こすのです。また、このような食生活をしている方は、消化管にカンジダ類のカビも増え、慢性的な炎症をさらに増やすことが多いということです。

腸内の炎症は脳にまで関係する

もうひとつ知っておいていただきたいのが、小さな子どもほど、腸の炎症物質が〝血液脳関門〟という脳の関所のような場所から脳へ通過しやすい、ということです。それが発達障害の一因になっている可能性があると考えられています。

大人の場合は、炎症物質が血液脳関門を通過することは少ないようですが、とくに1歳未満の乳幼児は通過しやすいのです。

人によって分解しにくい農薬や添加物は異なるそうで、食物不耐症の検査を行うと、その人にとって、どんな種類の添加物が腸に負担をかけるのかを知ることができるそうです。しかし日本では、添加物表示が非常にいい加減なので、なんの添加物が問題であるのかわかったとしても、それを避けることが難しいのです。

たとえば、食品にとろみを付けるために使用される増粘剤には、カラギーナンやキサンタンガムなど数種類ありますが、食品表示には「増粘剤」としか書かれていません。

仮にカラギーナンにアレルギーがあったとしても、明記されていなければ購入のときに避けることができないのです。

表示を見て判断できないなら、オーガニック食材のみを購入するか、添加物などが多い加工食品やジャンクフードは食べないようにするしかありません。最近増えてきてはいますが、「オーガニックが当たり前に手に入る」環境の欧米と違い、日本はまだ手軽に購入できる場所が少ないのが実状です。まず、ここをもっともっと増やしていかねばならないでしょう。

先生は患者さんへの食事指導のなかで、安全な食材を使った純和食メニューを勧めています。たとえば、具だくさんの味噌汁と、野菜のおひたしや魚といった昔ながらのメニューです。じゃがいもや小麦など日本国内にもともとなかった食品は消化しにくいので、できるだけ避けたほうがよい人が多いようです。食育コンシェルジュの荻原彩子さんもナチュラルスタイルのみなさんと一緒に和食をすすめています。

先生はインタビューの最後に、「日本はゴミ箱のような国です」とおっしゃいました。私は本当に、その通りだと思いました。

というのも、ネオニコ系農薬にしてもグリホサートにしても、世界各国で使用中止・制限されている農薬が、日本にどんどん輸入され、とくに規制もされず使用されているからです。海外で使用できなくなった農薬は、基準がゆるい〝ゴミ箱の国〟日本に、捨てられるのが非常に心配です。

このままでは、ますます日本の子どもたちに発達障害が増えてしまうことになります。

食生活を変えるだけで子どもたちの症状が改善されるのですから、やはりまずは学校給食だけでも、オーガニックに変える取り組みを進めていくべきなのです。

有機食材に変えてデトックス

実際に、食材をオーガニックに変えることで、尿中に含まれる農薬が減少している、という報告はいくつもあります。

86ページで「デトックス・プロジェクト・ジャパン」の尿検査結果についてご紹介しましたが、検査した202検体のうち、検出されなかったのはわずか12検体のみ。やはり、日々の食品を有機や無農薬中心にしている方のほうが、検出率が低い傾向にありました。

これを裏付けるような研究や論文は、これまでいくつも出ています。

2019年7月1日付けの朝日新聞は、有機食材を食べ続けると、尿中のネオニコ系農薬の値が大幅に減少する、と報じています。

NPO法人「福島県有機農業ネットワーク」が北海道大学大学院獣医学研究院の池中良徳准教授の協力を受けて調べたところ、市販の有機でない食材を食べ続けた集団の尿中ネオニコチノイドが5・0ppbだったのに対し、有機食材を5日間食べた人は約半分の2・3ppbに、1ヶ月続けた人は1割未満の0・3ppbにまで減少していたそうです。

また、2018年にフランスで行われた大規模研究では、有機食材をよく食べる人は、食べない人と比べて約25%、がんの罹患（りかん）率が低いという研究結果が報告されています。

これは、約6万9千人の成人（平均年齢44・2歳／女性78%）を約7年間追跡し、果物や野菜、小麦、肉、豆製品など多種のオーガニック食材について、どれくらいの頻度で食べたかの調査を実施した結果です。有機食材の摂取が多いほど、がん全体のリスクが低下し、とくに閉経後の乳がんやリンパ腫にかかる率が低かったそうです。少なくとも、がんに罹患するリスクの低減にはつながるのです。

　こうした研究だけでなく、実際に映画の上映会や講演会で全国を回っている際にも、会場にいらした方から「子どもがアトピーで悩んでいたけど、食事を有機食材に変えてから良くなった」といった話は日常茶飯事のように耳にしています。

オーガニックのものを食べると医療費がかからない

　ゼン・ハニーカットさんが私に話してくれた言葉が忘れられません。

「当時父がいて、私たち夫婦と子ども3人の6人家族でしたが、年間に医療費が120万円かかっていました。それが、オーガニックに変えて年間10万円ですむようになりました」と。

　このような話は日本でもよく聞くようになってきました。

第七章

世界に広がる有機農法とオーガニック市場

世界に押し寄せるオーガニックの波

世界には、オーガニックの波が押し寄せています。

次ページのグラフのように世界の全耕地面積に占める有機農業の割合は、2008年の約3450万ヘクタールから、2018年には約7150万ヘクタールへと、10年間で2倍になっています。これに伴い世界の有機食品市場も、2009年の約509億ドルから2018年には約1050億ドルへと、こちらも10年間で2倍になっています。

国別で見ると、2020年時点で、耕作面積に対する有機農業の割合がもっとも多いのが、イタリア（16％／209万5千ヘクタール）。2位がドイツ（10・2％／170万2千ヘクタール）、3位がスペイン（10％／243万8千ヘクタール）、4位がフランス（8・8％／254万9千ヘクタール）と続いています。この勢いでいけばEU各国は目標の農地面積の25％を2030年までに有機化することは確実視されています。しかしながら日本は、グンと下がって0・6％／25万2千ヘクタールと大きく後れをとっていますが、これでも少しずつは伸びてきています。それは、市場規模にも現れています。

スーパーでも広がる有機コーナー

日本全国の有機食材の市場規模は、2009年には約1300億円でしたが、2018

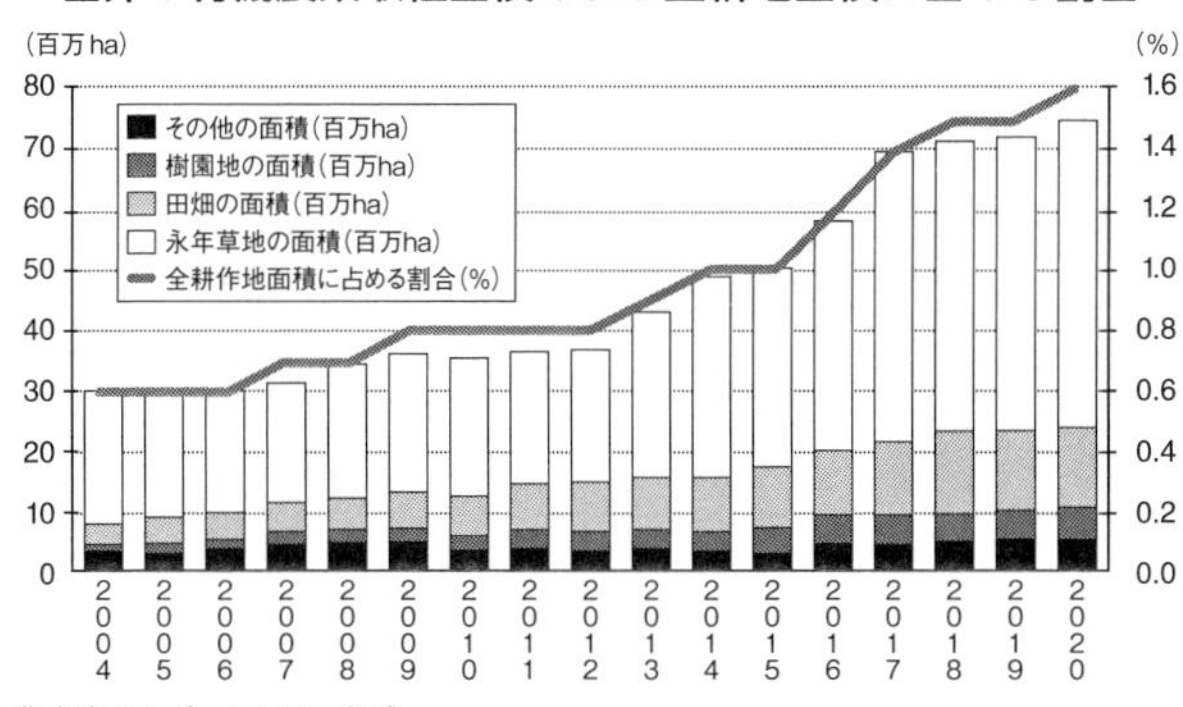

農水省のレポートを元に作成

年には1850億円とゆるやかに増えています。

しかし、欧米に比べるとまだまだ少ないと言わざるを得ません。

私は2018年9月、82ページでご紹介した「マムズ・アクロス・アメリカ」の創設者、ゼン・ハニーカットさんに会うためにカリフォルニアを訪ねました。その際、ゼンさんに案内していただいて地元の「マザーズ・マーケット・アンド・キッチン」というスーパーを訪れたのですが、そこで見た光景に私はカルチャーショックを受けました。「NON－GMO」、「ORGANIC」というラベルやポップが店に入ってすぐに目に飛び込んできたからです。

店内を歩いてみると、野菜や果物売り場はもちろんのこと、肉類、パンやスイーツ類、牛乳やチーズなどの乳製品、食用油やドレッシングなどの調味料類、ジュースやビール、ワイン、さらにはサプリメ

耕地面積に対する有機農業取組面積と面積割合（2020年）

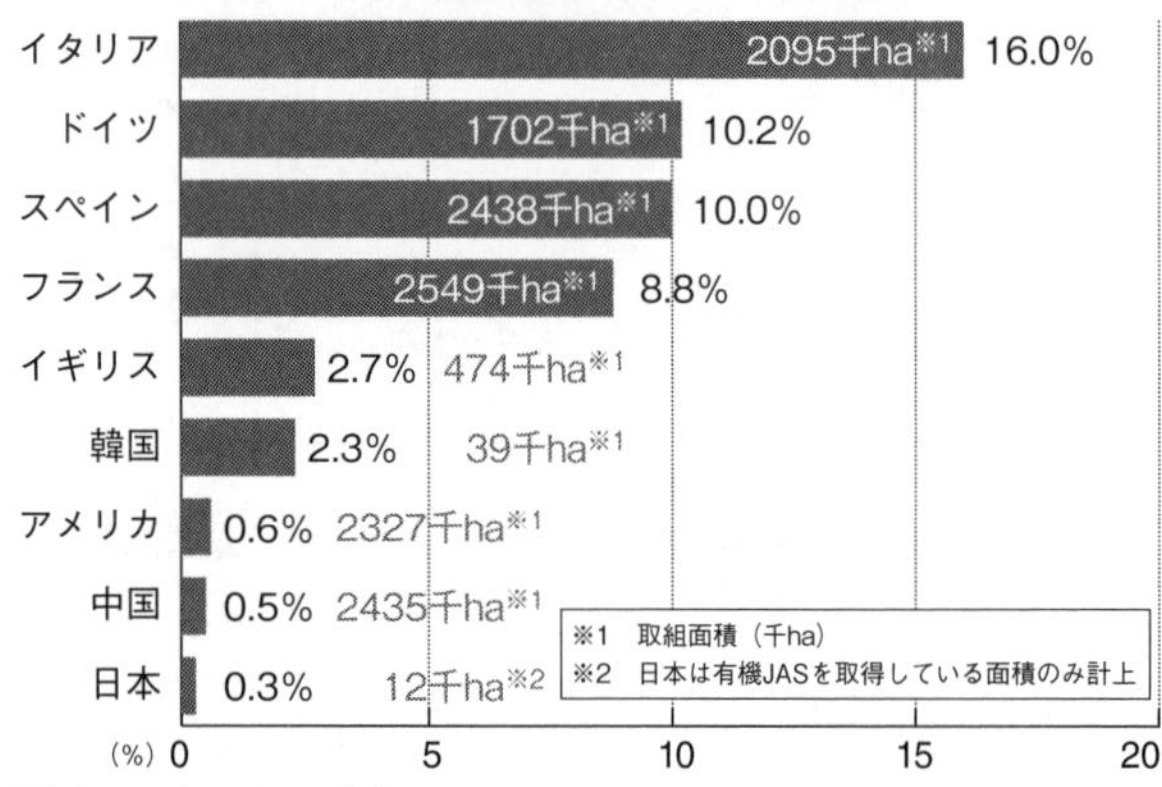

農水省のレポートを元に作成

ントや洗剤、ペットフードにまで「NON－GMO」や「ORGANIC」というラベルが貼ってあるのです。加えてソーセージなどの加工食品には、飼育過程で動物にストレスを与えない配慮をしているという「Animal welfare」というラベルまで貼られているものもありました。こうしたラベルが貼られていない商品を見つけるほうが大変なほどでした。

ゼンさんに連れられて行ったスーパーでは、日本でお馴染みのメーカーのペットボトル入り緑茶も並べられていました。「NON－GMO」のラベルは貼ってありましたが、「ORGANIC」のラベルは貼ってありません。日本産の茶葉には農薬が大量に使われている（28ページ参照）ため、ラベルを貼ることはできないのです。どちらか一方のラベルしか貼られていない商品は不人気で売れ行きも悪いらしく、多くの在庫が棚に残されていたことを覚えています。これらは、ゼンさんたち全米の母親が、スーパーに有機食材を置いてもらうよう働きかけたり、NON－GMOのラベルを貼る運動を広めたりした、そういう市民の力が大きいと思います。

おそらく今後は、日本でも加速度的に有機食材の市場が大きくなっていくはずです。というのも、スーパー各社がこぞって有機食材コーナーを拡大し、自社ブランドの開発にも力を入れ始めているからです。

2022年4月2日付けの日本農業新聞によると、東急ストアは同年3月からプライベートブランド「Organicの約束」を起ち上げ、有機JAS認証取得の農産物の取り扱いを強化。現在は、大根やにんじんなど青果類を中心に約80アイテムを取り扱っているそうです。また、ライフコーポレーションも16年に大阪で、22年に首都圏でオーガニック食品を中心に据えている店舗「ビオラル」を展開し始めているだけでなく、全国で展開しているスーパー「ライフ」でも、ビオラルの商品を取り扱い始めています。

そのほか、イオングループでも、「トップバリュ　グリーンアイオーガニック」を、西友でも楽天ファームの有機野菜を使った「100％国産オーガニック冷凍野菜」などを販売しています。

先日、オーガニック給食を推進する種子島の南種子町を訪ねたとき、副町長さんが、横浜にあるイオンのスーパーマーケットを開店直後の朝から視察したところ、オーガニックコーナーの野菜は午前中でなくなったと語っていました。バイヤーさんから種子島でオーガニックの食材があればすぐにでも仕入れたいと頼まれたそうです。オーガニック食品は今スーパーでは人気商品になっています。

温暖化を止めるのにも有機農業は効果的

世界でこれほど有機農業が広まっている背景には、地球温暖化を止めなければならない、という待ったなしの世界的な使命があります。

みなさんも、熱波や豪雨、寒波などの異常気象が世界各地で起こり、年々その被害が拡大していることを実感されているでしょう。この一因が地球温暖化にあることは周知かもしれませんが、実は私たちの〝食〟にかかわる活動が、温暖化を加速させていることは意外と知られていないのではないでしょうか。

2019年8月、スイスのジュネーブで開かれたIPCC総会（気候変動に関する政府間パネル）で示された報告書では、次のように示されています。

世界全体の人為的活動による温室効果ガスの総排出量のうち、「農業や林業などによる温室効果ガスの排出量は約23％に相当し、グローバルな流通システムを含めると約37％にまで上がる」というのです。また、これらを原因とした気候変動によって、２０５０年までに穀物の価格が中央値で７・６％も上昇する可能性があり、食糧価格の高騰や食糧不足、飢饉（ききん）をもたらすという予測が出ています。

つまり、まったく猶予のない状況です。そこで、温暖化をくい止めるための打開策として期待されているのが有機農法なのです。

なぜ、有機なのか――。

農地土壌には、温暖化の原因となっている炭素が多く存在しており、トラクターで農地を耕すことで、この炭素が二酸化炭素となって大気中に放出されます。ところが有機農法のひとつである不耕起栽培などは農地を耕さないので二酸化炭素が大気に出ていくことはありません。私もアメリカのモンタナ州で不耕起栽培の小麦畑を見てきました。そこでは小麦の収穫後、ハッカ大根の種子を蒔くのです。ハッカ大根の根は土壌深く80センチまで伸びて深耕していることになるそうで、冬になってもハッカ大根を収穫せずに枯らして緑肥にし、春にそのまま小麦の種子を蒔くのだそうです。アメリカの有機農法ではすごい勢いで不耕起栽培が進んでいます。日本でも若い農家の間では一切の肥料・農薬を使用しない自然栽培が盛んです。このようにすれば、温暖化に歯止めがかけられるというわけです。

また、これまで世界で進められてきた慣行農業は、生産性を高める役割は果たしたものの化学肥料や農薬への依存を高めてしまいました。これらの原材料は化石燃料ですから、化学肥料や農薬に依存すればするほど温室効果ガスを増やすことにつながってしまうという悪循環でした。さらに、カーギルなどのような多国籍アグリ企業が地球の裏側にまで食糧を流通させることになれば、海運・トランクなどの流通過程で生み出される温室効果ガスは多くなります。

このような背景から、2015年9月に国連のニューヨーク本部で開かれた「国連持続可能な開発サミット」において、「持続可能な開発目標（Sustainable Development Goals）」が全会一致で採択されました。

これは、いわゆる〝SDGs〟と呼ばれているもので、世界的な取り組みとして目指すべき17の行動計画が示されています。「①貧困をなくそう」「②飢餓をゼロに」「⑬気候変動に具体的な対策を」「⑭海の豊かさを守ろう」「⑮陸の豊かさも守ろう」など、私たちの食の問題と密接に関わる課題も多く、世界の国々はこの行動目標を達成するために、国ごとに行動戦略を立てています。

日本もみどりの食料システム戦略で有機農業に

日本も重い腰を上げました。農林水産省は２０２１年5月、「みどりの食料システム戦略」を制定しました。この戦略のなかでは、「２０５０年までに耕地面積に占める有機農業の取組面積の割合を25％（１００万ヘクタール）に拡大することを目指す」と掲げています。ＥＵは同じ目標を掲げて２０３０年に実現しようとしており、日本とは残念ながら大きな開きがありますが、それでも前進だと評価したいと思います。

先ほど述べたように、現在、日本の耕地面積に占める有機農業の面積は、０・６％ですから「30年足らずで25％なんて無理だ」という方もいますが、各地で進んでいる取り組みをみると、決して無理ではないと私は思っています。

私は２０１８年に有機栽培の作付け割合がトップのイタリアを農業見学に訪ねました。ここでも、ローマやフィレンツェ市内のスーパーを見て回りましたが、陳列されていた商品のほとんどがオーガニックや、遺伝子組み換えでない食品です。

このとき、トスカーナ地方の農家で民泊させていただいたのですが、そこに近所の農家5、6人に集まっていただきました。彼らは、「私たちは福岡正信方式で自然農法を行っています」と言うのです。私は大変驚きました。

有機栽培をするイタリア人たちがお手本としているのが、なんと日本の農学者・福岡正信さん（2008年没・享年95歳）が提唱した自然農法だと言うのです。トスカーナからかつて日本まで出向いて福岡さんの自然農法を学んだ仲間がいて、彼の指導で広まったのだと。

　私にとっても福岡さんは神様のような存在でした。当時、1975年に出版された福岡さんの著書『［自然農法］わら一本の革命』を、むさぼるように読んで勉強した記憶があります。この本は、何か国語にも翻訳されて、現在でも世界各国で自然農法を目指す人々に読み継がれています。

　福岡さんが提唱した自然農法は、農薬を使わず、畑も耕さず、肥料も与えず、雑草も取らないのに収穫をかなり期待できるという、独創的でかつ先進的なものでした。

　日本には、福岡さんのほかにも、自然農法のパイオニアがたくさんいます。韓国の有機栽培も日本の愛農会の小谷純一さんが指導したものです。第十章で詳述しますが、いすみ市の学校給食を有機食材に変える一翼を担ったNPO法人民間稲作研究所の故・稲葉光國さんもパイオニアのおひとりです。稲葉さんは、世界で初となる国産農産物・食品を100%オーガニックにする取り組みを進めているブータンに技術指導者として招かれ、化学肥料や除草剤などを一切使用しない水田の実現に尽力されました。

　日本は有機農業のパイオニアで世界の人々からも信頼を寄せられていたはずなのに、この30年あまり、その発展が抑えられてしまっているのは大変残念なことです。

しかし、トスカーナ地方で思いがけず福岡さんの名を耳にしたことで、改めて日本の有機農法の底力を知るとともに、必ず有機農業大国にできるはずだという思いを新たにしたのです。

頭打ちになる遺伝子組み換え作物

世界でこれほどオーガニックが主流になりつつあるのですから、多国籍アグリ企業はさぞ困っているでしょう。売れなくなってしまった農薬や遺伝子組み換え食品の矛先が、日本に向いていることはまちがいありません。

次ページのグラフのように、世界で有機食材のシェアが広がるとともに、逆に遺伝子組み換え作物の耕作面積は頭打ちになっています。年々耕作面積を伸ばしていた遺伝子組み換え作物ですが、２０１５年に減少し、そのあと再び微増しているものの２０１９年に再び減少しているのです。

このままうかうかしていると、世界の国々が輸入しなくなった遺伝子組み換え農作物は、日本が引き受けることになりかねません。

国ごとの動きを見てみましょう。ウクライナ侵攻で問題のあるロシアですが、２０１６

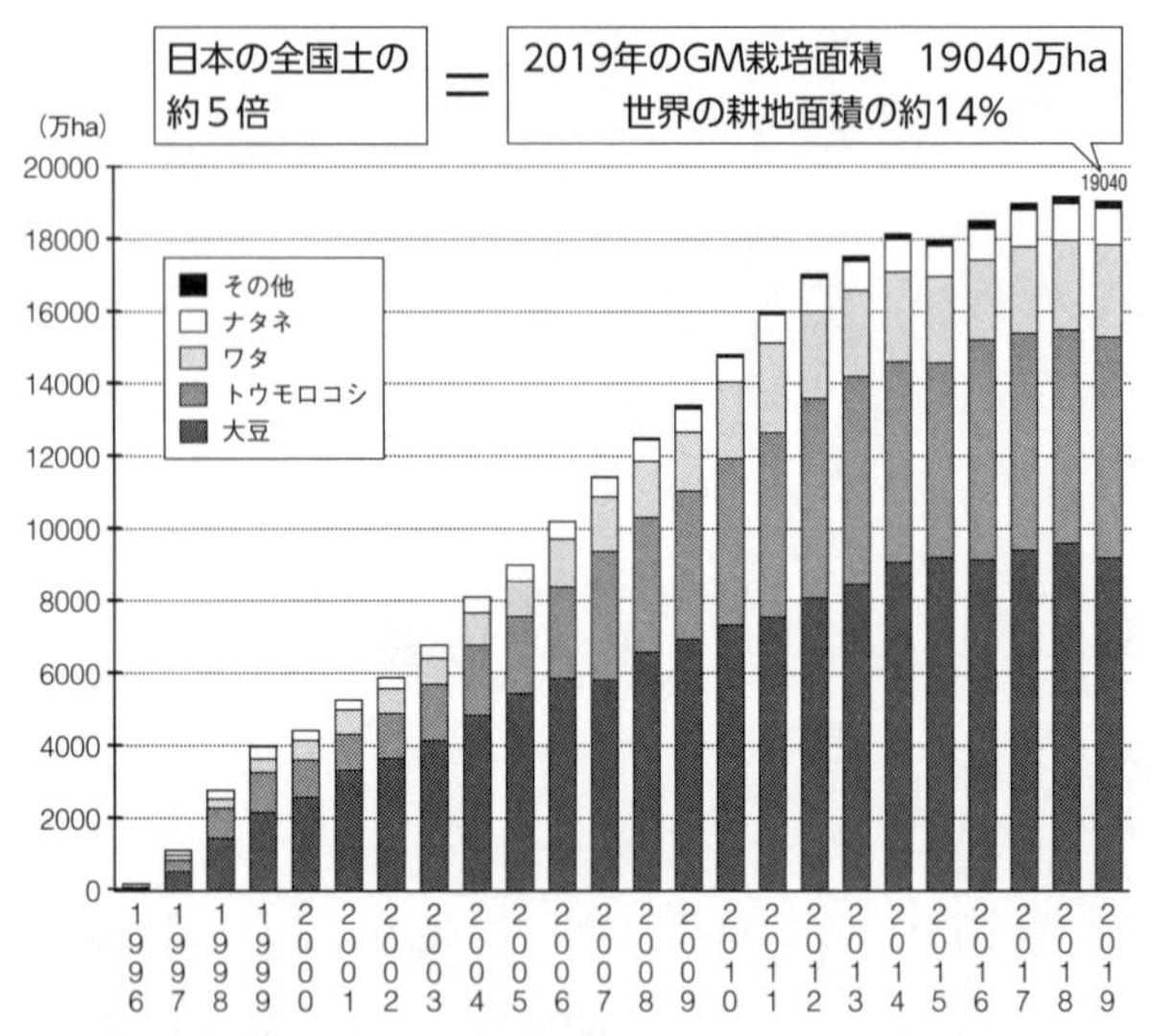

世界の遺伝子組み換え作物の栽培面積の推移

年8月に遺伝子組み換え作物の生産、および輸出を全面的に禁止する法律を可決・成立させました。ロシアは2012年に世界貿易機関（WTO）に加盟し、アメリカの強い要望に押し切られる形で遺伝子組み換え作物の栽培や輸入を解禁していました。しかし、ロシア国民の遺伝子組み換え食品に対する拒否感は強く、2015年5月に実施された世論調査では、国民の82%が「遺伝子組み換え食品は有害である」と回答していたほどでした。こうした世論が後押しになってロシアの国会が動き、2014年から遺伝子組み換え作物の生産および輸入を禁止する法案の策定へ向けて動き始め、翌年には下院で法律が可決されたのです。

当時のドミトリー・メドベージェフ首相は、有機農法への大転換を図ることを表明したうえで、次のようにアメリカ政府を皮肉りました。

「ロシアはすべての国民にオーガニック食品を生産および提供するための十分な手段と肥沃な土地を持っている。アメリカ人が遺伝子組み換え作物を栽培したいのなら、彼ら自身がそれを食べればいい」

食物主権を放棄して、アメリカの言いなりに遺伝子組み換え作物を輸入している日本に、これほどのことが言えるでしょうか。

お隣の中国も、約14億3900万人の国民を飢えさせないために、食料自給率を上げることに尽力してきました。生産高を上げるために、1980年代から遺伝子組み換え技術の研究にも取り組んできましたが、生産に関してはワタを中心に実施してきました。ただし、栽培面積は2013年の420万ヘクタールをピークに、16年には280万ヘクタールまで減少。その背後には、他国と同様に「遺伝子組み換え農作物は有害だ」という国民の強い懸念があります。実際に、中国では「華輝1号」という遺伝子組み換え稲の研究・開発が進んでおり、2009年には農業農村省から品質証明書が発行されていましたが、国内での生産・流通は許可されませんでした。2017年にはアメリカ食品医薬品局によって安全性が承認されましたが状況は変わっていません。自国で人気がなくなった遺伝子組み換え作物が、大量に日本に輸入されている現実を知る必要があるのです。

第八章

市民の力で食の安全を取り戻す

全米で母親の運動を巻き起こす

子どもたちに安心安全なものを食べてもらうためには「種子法廃止違憲確認訴訟」のように法的手段に訴えることも大事ですが、もう一方で市民ひとりひとりが草の根の運動を起こすことも、現状を動かしていくために非常に重要です。本章では、市民たちがどのように動き、声を上げ、変革を起こしているのか、その実例をご紹介したいと思います。きっと、あなたにもすぐに始められることがあるはずです。

まずは、すでにご紹介したカリフォルニア州在住のゼン・ハニーカットさん。

ゼンさんの子どもたちが、ひどいアレルギーやリーキーガット症候群の症状で悩まされていたというお話は第四章で詳述した通りです。

ゼンさんは、食材をすべてオーガニックに変え、小麦を食べさせるのをやめたことで次男のボディ君の体調が回復したのですが、ゼンさんの活動はこれでは終わりませんでした。大勢の母親たちを巻き込んで全米に及ぶ運動を展開していくことになります。

ゼンさんは、任意団体「マムズ・アクロス・アメリカ」を設立。Facebookのグループページで、これまで自身が調査して知り得た食品の農薬汚染に関する情報や、残留農薬のリスク、子どもの尿や母乳からグリホサートが検出されたデータなどを公表して広く知らしめていったほか、「みんなで手を取り合って、子どもたちの食の安全のために声を上げよう！」と呼びかけたのです。

そうした集まった172の女性グループが、2013年7月4日の独立記念日に開かれる全米各地のパレードに参加し、アメリカ44州でそれぞれパレードを開催。「遺伝子組み換えはNO！」と声を上げて訴えました。

また、母親たちに呼びかけて母乳に含まれるグリホサートを調査。数名の母親から最大で1リットル中に166マイクログラムのグリホサートが検出されたのです。

この結果を受け、ゼンさんらは、グリホサートのリコールを求める緊急キャンペーンを行ったり、Facebookページで「毎月100ドル分（当時のレートで1万1000円程度）のオーガニック食材を購入しましょう」と呼びかけたりしました。さらに、キャンピングカーで全米を回り、この毎月100ドル運動を広めながら、全米各地のスーパーに立ち寄っては「オーガニック食材や遺伝子組み換えでない商品を置いていませんか？」と、尋ねて回りました。店側に「オーガニック食材のニーズがある」と知ってもらうためです。

こうしたゼンさんらの活動に対し、ひどい嫌がらせをされたこともあったそうです。あるときは、キャンピングカーの上空にヘリコプターが飛んできて、ゼンさんたちに向かって除草剤を撒いていったこともあったと言います。一緒にいた息子さんたちは、鼻血を出して気分が悪くなってしまいました。

しかし、数々の嫌がらせにもゼンさんたちは負けませんでした。

マムズ・アクロス・アメリカのメンバーたちは、モンサント社の株主総会のときに本社を訪れ、玄関の外で「モンサントに投資せずにオーガニックに投資を！」と旗を掲げてアピールしたのです。しかし、そのわずか2週間後、ゼンさんの夫の勤める会社にコンサルタントが訪れ、「組織の再編成が必要だ」と進言し、なぜかゼンさんの夫だけがクビになってしまったと言います。おそらく、モンサント社がなんらかの手を回して、ゼンさんの夫を辞めさせるよう圧力をかけたのでしょう。ゼンさんの夫は職を失ったあと、「君の使命は僕の使命でもある」と言って、以前にも増してゼンさんの活動に協力してくれるようになり、マムズ・アクロス・アメリカの資金集めなどを担っているそうです。

このように、あの手この手を使って嫌がらせをしてくる多国籍アグリ企業ですから、誰もがゼンさんのように闘えるわけではないでしょう。しかし、近所の友だちとオーガニック食材を共同購入するとか、近所のスーパーで「オーガニック食材はありませんか？」と声をかけるとか、そうした些細な行動でも、安全な食品を広める大きな一助になるのです。

日本でも、一児の母親の草薙かおりさんが、地元のスーパー・ライフの店員さんに「忙しいと思いますが読んでいただけませんか？」と手作りのリーフレット『スーパーにご勤務の皆様へ』を渡したところ、話を聞いてもらったというお話を聞きました。今では店頭にオーガニック食材が置かれているそうです。例えばご意見箱に投書するのもいいでしょう。こうしたささやかなアクションから少しずつオーガニック食品を扱ってくれだしたというお話を何件も耳にしています。

北海道の主婦が止めた、100円ショップでのラウンドアップ販売

さまざまな日本の市民が声を上げて現状を変え始めています。

北海道で活動する「小樽・子どもの環境を考える親の会」の神聡子さんは2019年、会の仲間たちとともに、グリホサートが主成分のラウンドアップとネオニコ系農薬の販売を中止してもらえるよう、小売店などに要望書を提出しました。

とくに、ラウンドアップや類似成分の商品は、欧米などでは一般向けの販売は禁止されている国がほとんどなのに、日本ではいまだに全国のホームセンターや100円ショップなどでも販売されています。また、ネオニコ系農薬も、農家の方々が使用するだけでなく、ペット用のノミ取り剤などにも使用されている非常に身近なものになっています。

ご家庭の花壇や、マンションや公園などにも広く散布されています。神さんが、こうした農薬や除草剤のリスクに気付いたのは、雪のない夏場に犬を散歩させていると、決まって犬の鼻がかぶれてしまうことからでした。最初は、「アレルギーかな」と、あまり気に

留めていなかったそうですが、当時、小学生だった神さんのお子さんが、通学路にある花壇の前を通るたびに喘息の発作を起こすようになりました。病院で調べてもらったところ、農薬に反応していることがわかったそうです。こうした経験をする前は、「あまり気にせず農薬を使用していた」という神さん。自分でいろいろとリスクを調べていくうちに、発がん性のみならず、グリホサートやネオニコ系農薬には、神経かく乱物質が含まれていることや、その影響とみられる健康被害などを知ったのです。

神さんたちは、ネットで集めた2万2000筆を超える署名とともに、そうした知り得たリスクについても、ダイソーやアマゾンジャパンなど流通4社に伝えたうえで、販売中止を要望しました。

すると、なんとダイソーの社長からは直々に、「こういう危険性があるとは知りませんでした。教えてくださってありがとうございます。グリホサートを含む農薬については在庫がなくなり次第、販売を中止します」という手紙がきたのです。一方で、株式会社ビバホーム、DCM株式会社からは、「法的に問題がないのでこのまま販売する」との回答。アマゾンジャパンからは回答がありませんでした。

2019年8月私たちは、北海道から上京された神さんと、「デトックス・プロジェクト・ジャパン」の共同代表として記者会見を開き、こうした状況を話してもらいました。

小さな一歩ではありますが、1社でも販売中止に踏み切ってくれたことは大きな進歩ですし、各社の対応を公に示すことができたのも意義があることではないでしょうか。

プレハーベストをやめさせる

すでにお話ししたように、アメリカやカナダでは、小麦の収穫前にラウンドアップを撒いて雑草を枯らすことで収穫しやすくするプレハーベスト農業が行われています。日本でも除草剤がプレハーベスト農薬として使用されているのではないかと大変気になります。

実は、日本でラウンドアップを販売している日産化学は、テレビコマーシャルでも堂々と大豆の収穫前にラウンドアップを散布するようにと宣伝しています。さらにウェブサイトを見ると、ラウンドアップは野生生物・鳥類・昆虫類にも極めて安全性が高く、世界の環境保護区や、世界遺産の保全に、広く利用されている、と謳(うた)われています。そして大豆農家に対しては収穫前にラウンドアップを撒くよう、次のような文句で勧めています。

「時間がかかる！　コストがかかる！　大型雑草の抜き取りが大変！　など、だいず収穫前の手取り除草でお困りではありませんか？　ラウンドアップマックスロードなら収穫前に雑草を枯らすことで、手取り除草することなくコンバイン収穫を可能にします。」

なんと、このことは日本の農水省も推奨しているのです。

案の定、国内でも大豆の収穫前にラウンドアップが散布されていました。農業協同組合のホクレンが、農家に対してプレハーベストとして散布する際の注意事項をチラシにして配布していたため、このことがわかったのです。これを受け、農民連食品分析センターが残留農薬を調査したところ、ホクレンの大豆からグリホサートが検出されたのです。

そこで、市民団体や農家、生協などの反対運動を受けて、日本消費者連盟などが使用中止を求めて、ホクレンに対し「収穫直前の大豆にグリホサートを散布しているか」を問う連名の公開質問状を提出しました。ホクレン側からの回答は、最初のうちは「弊会で取り扱うすべての農産物については、いずれも農薬取締法の登録内容を遵守し、適正な使用に基づき生産されている」という明言を避けるものでしたが、重ねて公開質問状を送って使用中止を求めたところ、3回目でやっと「品質低下ならびに適用外となるケースもあることから使用を控える」という趣旨の回答が来たのです。福岡県でも、国産大豆に収穫前のラウンドアップの散布が確認され、市民の間で反対運動が起きています。私も全国各地を回りながらプレハーベストがなされているか否かを確かめるのですが、各地で大豆の収穫前に撒かれていることを耳にします。今後も、こうした方法で監視と働きかけをねばり強く続けて使用中止を求めていけば止めることもできるのです。

川越市の公園でも農薬散布をやめさせた

また、埼玉県の川越市でも、294か所の公園で年に2回、業者に依頼して農薬散布をしていた事実が明らかになりました。私がプロデュースした映画『食の安全を守る人々』の監督・原村政樹さんも川越市に住んでいます。原村監督が市民グループと一緒に川越市を何度も訪ねてラウンドアップの公園での散布をやめてほしいとお願いに行ったところ、市長から市民グループに「3分間だけお会いします」と連絡があったそうです。原村監督から私に電話があって、1時間40分あるこの映画を1分間に縮めて編集し、見てもらいますということでした。実際に市長に1分間の映像を見てもらうと、1週間後には年に2回の業者との契約を打ち切ってラウンドアップの公園での散布を中止したとのことです。

交渉の際には、事前に『食の安全を守る人々』の映像を市の職員に見てもらうなどして危険性を理解してもらうよう働きかけていたそうです。

このような話はたくさんありますので、自分たちの身近な公園に除草のためにラウンドアップが散布されていないかどうか調べて動き出しましょう。

ゲノム編集トマトの苗を受け取らない自治体が増える

第三章で、2023年からゲノム編集トマトの苗が、小学校などに配布されようとしているというお話をしました。

これについても日本全国の市民たちが、自治体に対する「要望書&アンケート大作戦」を展開して成果を上げています。

最初に動き出したのは「日本の種子（たね）を守る会」の常任理事であり「北海道食といのちの会」会長の久田徳二さんのグループです。２０２２年、久田さんたちはゲノム編集食品のリスクや懸念点について先方に説明したうえで「ゲノム編集トマトの苗を受け取らないでください」という要望書を作成し、その要望書とともに、「ゲノム編集トマトの苗を受け取るか否か」をアンケート形式で記入してもらい、期日までに回答してもらうというスタイルで道内の全自治体に働きかけました。結果、北海道内１７９の市町村のうち75％にあたる１３４自治体から回答があって、そのうち29％の39自治体は「受け取らない」、71％はその他。そして受け取るという回答はゼロでした。またその後、39自治体が受け取りを拒否した結果を示して久田さんたちが再びアンケート調査をしたところ、「受け取らない」と回答した自治体は14増え、さらに小樽市の市長が議会で受け取らない旨を発言、現在合計54自治体まで増えています。北海道の運動は熊本、香川、徳島など各県にまたたく間に広がりました。

そのあと市民団体の「ＯＫシードプロジェクト」（事務局長・印鑰智哉）が集計をしたと

ころ、同様のアンケートは全国で695もの自治体に提出されており、回答があった410のうち「ゲノム編集トマトの苗を受け取らない」と答えた自治体（部署含む）は251まで増え、受け取ると答えた自治体はゼロだということです。久田さんのお話だと、既に要望書送付対象は1100（全国の6割強）を超えたということです（2023年3月8日現在）。

ノウハウなどは、「OKシードプロジェクト」のウェブサイトでも紹介されていますので、ぜひ参考にしてください。

この運動の成果あって、ゲノム編集トマトのギャバトマト販売元のパイオニアエコサイエンス株式会社は、2023年4月号の「現代農業」で「福祉施設や小学校への苗の配布予定はない」と回答しています。

鉄道会社の除草剤散布にも市民が声を上げよう

今後、なんとかせねばならないのが、鉄道会社による除草剤散布です。線路の周りは雑草が生えやすいため、各鉄道会社は定期的にラウンドアップなどの除草剤を散布しています。しかし、これが周辺住民に、当人は知らないままでがんや生殖系の障害を生じさせていることが考えられます。

農産物にも被害が出てきました。２０１８年、ＪＲ九州が福岡県みやま市のＪＲ鹿児島線の線路に撒いた除草剤が飛散し、沿線の約7キロの範囲で大豆の葉が生育不良で萎縮する被害が相次ぎました。これだけでなく、沿線の早場米の稲からも、農地では使用されていない農薬が検出され、出荷を見合わせる事態となりました。これだけ農産物に被害があれば、当然線路の近くに住んでいる家庭の子どもたちにも、なんらかの症状が出ているのではないかと心配されます。

日本消費者連盟が全国のＪＲや私鉄各社にアンケートをとったところ、除草剤を使用していなかったのは近畿日本鉄道（近鉄）の1社のみでした。つまり、どの地域でもＪＲ九州と同じようなことが起こり得るわけです。

私が福岡に講演で行ったとき、地元の方から「ＪＲ九州に電話をして、除草剤を使用しないように要望を伝えている」という声を耳にしました。しかし、いまのところ定期的に散布を続けているようです。鉄道会社各社も、市民の声が大きくなればいずれ除草剤のリスクに向き合い、対応を改めるはずだと思います。それには、本書を読んでくださっているみなさんに、ぜひ電話やメールなどで除草剤散布反対の声を伝えていただき、鉄道沿線の市町村議会でもとりあげていただきたいと思います。

第九章

世界の潮流となったオーガニック給食

学校給食を無償オーガニック食材で実現する韓国

私は韓国の有機農業が、耕地面積の割合からすれば日本に比べて10倍ほど広がっているのに驚きました。もともと韓国の有機農業は日本の愛農会の小谷純一さんが指導して始まったと聞いていたので、日本のほうがはるかに進んでいると思い込んでいたのです。

どうして韓国の有機栽培がこんなに盛んになったのか、私は2019年4月、現地の有機農業の事情を調べるため、韓国で有機農家を7軒ほど訪ねて回りました。「どこに出荷していますか」と聞くと、ほとんどが学校給食に出荷していますと答えるのです。「なぜですか」とさらに聞くと、学校給食ならば2割から3割高く購入してくれるからですと述べるのでした。

そこで今度は韓国の学校給食がどうなっているのか調べようと考え、私は同じ月の月末に再び映画監督の原村政樹さんと一緒に韓国に行きました。清州(チョンジュ)市のウォルゴク小学校を訪ねました。

同市の教育長さんや課長さん、ウォルゴク小学校の学校長さんたちが私たちを迎えてくださいました。話をうかがうと、同市内にある180の小中学校や高校に通っている11万人の児童生徒のほとんどにオーガニック食材で作られた学校給食が与えられ、しかもその費用は保護者に負担をかけず、すべて無償で実現しているというのです。

衝撃でした。

オーガニック食材と言っても、韓国の小麦や、畜産の飼料穀物の自給率は日本同様に低いのです。そのため、少し信じられない思いにかられ、「パンやパスタ類はどうしていますか」と聞きました。すると即座に、「韓国の主食は米ですから、パンやパスタなどを主食として出すことはありません。3回に1回はお米に雑穀を混ぜています」と言うのです。「うどんはどうしているのですか」と聞くと、「うどんは国産の小麦粉を使います」との答えが返ってきます。さらに給食には加工品はなるべく使わないことにしていますが、ハム、ソーセージなどについては、オーガニックのものが入手できないときには国産で賄っていますと説明されました。

日本ではアレルギーの子ども達には別のメニューを用意していますが、韓国でもかつては農薬使用量が日本と変わらないくらい多かったので、「アレルギーの子どもたちは何人ほどいますか」と聞きました。「今日は7人です」と栄養士さんから答えが返ってきました。

日本なら500人の小学校ではアレルギーで別途給食を用意する必要のある子どもが40人から50人はいるはずです。学校給食をオーガニックにすることによって、韓国では現在子どもたちの健康状態が良好になっていると考えられます。

韓国では子どもたちが食堂で学校給食を食べている

次に私が案内されたのは広い食堂で、隣接して調理室があり、そこで8人の調理師さんが忙しく給食の支度をしているところでした。韓国でも各学校がそれぞれオーガニックの食材を買い求めることは大変なので、市町村でセンターを設置し、そこでオーガニック食材を集め野菜などは下処理をして、それぞれの学校に朝8時までには、届けるようにしているそうです。

しばらくして、子どもたちが次々とお盆を持って並び、調理師さんにひとつずつおかずを盛り合わせてもらうと、食堂のそれぞれの席に座り、にこやかに話しながら食事を始めました。日本の子どもたちは授業を受けるのと同じ教室で、お昼ご飯の時間になるとその場で給食を食べています。同市の教育長さんの話では韓国ではどこの学校にも必ず食堂が設備されていて、そこで子どもたちが食事をとることにしているそうです。

あとで教育長さんに「日本の学校給食はセンター方式とかで子どもたちに弁当を出しているそうですね」と言われました。いかにも冷たい弁当を出しているのかと言わんばかりでしたので、少し恥ずかしい思いがしました。後述しますが、韓国ではすべて学校給食を自校方式で提供しているのです。かつては現在の日本で奨励されているように民間企業に委託する方式でなされていましたが、企業は大量に材料を仕入れて給食を作るため、大規模な食中毒事件が発生して政治問題にまでなり、自校方式に改められたそうです。

さらに私が驚いたのは、給食のメニューを作る栄養士さんが、子どもたち一人一人に声をかけていくことです。子どもたちのその日の健康状態を、担任の先生だけでなく食堂でも栄養士の先生がそれぞれに注意を払っていることに感心しました。

食堂で学校給食を提供することは、ＥＵやアメリカなど各国では衛生上の問題からも当然のこととされているようです。

日本ではそのまま教室で給食を食べるだけでなく、いまではほとんどの学校で「15分で食べてしまいなさい」となっているそうですが、非常に問題です。フランスなどのＥＵ諸国では法律で昼休みの時間が１時間半与えられていて、たっぷりと１時間は給食に使われているそうです。

最近私は、日本でもある校長先生が「せめて給食を15分ではなく20分でとるようにしたらどうか」と提案したところ、みなさんから反対されてショックを受けたとの話を聞きました。さらにコロナが蔓延してからは「黙食」になってしまっているようです。これでは学校給食法で言うところの「給食は子どもたちの心身の健全な発達」の為にあるという主旨に反しているようで大変気になります。

学校給食は文科省が管轄しています。後述の「全国オーガニック給食フォーラム」を開催するにあたって、私は文科省の初等中等教育局担当審議官の安彦広斉さんに会いに行きました。健康教育・食育課長補佐の中村英孝さん、係長の青山恵津子さんが同席して約1時間、韓国及びブラジル、EUの学校給食について話をしました。

これまで日本の文科省は学校給食の所轄の省庁でありながらオーガニック食材を使うことにはまったく関心がなく、食中毒をなくすことだけに腐心していましたが、今回は違いました。

局長はすべての学校で教室ではなく食堂で給食を食べている話もうなずきながらしっかりと聞いてくださいました。みどりの食料システム法が成立したこともあり、即座に「全国オーガニック給食フォーラム」に文科省として参加を約束。そしてはっきりと「これからは文科省も学校給食をオーガニック食材で取り組む」ことを明言しました（フォーラム資料集「広がるオーガニック給食」記載）。

韓国は学校給食を市町村の条例で無償、オーガニックにしている

私は韓国ではどうしてこのように各市町村でオーガニックによる学校給食が実現できたのか知りたくなり、清州市の小学校訪問後、その足で韓国の農水省、親環境農業課のチェ・ナクヒョン課長を訪ねていろいろうかがうことができました。

「韓国では法律で学校給食を無償、オーガニックにする旨、法律を改正したのですか」とまず聞きました。

「そうではありません。韓国では憲法上、教育の義務と無償にすることが謳われています。その学校教育のなかに学校給食も入るのです。韓国では憲法に従って市町村が学校給食を無償、オーガニックにする旨の条例を制定したのです」と答えたのです。ちなみに日本でも憲法第26条で学校教育は義務であり無償となっています。

条例制定前までは今の日本のように、学校給食の食材は市町村の農薬や化学肥料を使っている慣行農家から競争入札制度によって安いものから調達していたそうです。ところが、韓国でも発達障害が増えて、その原因は農薬や食品添加物等の化学合成物質によるのではないかとの考えが広がり、市民グループによってオーガニック給食を実現する運動が次第に盛り上がったそうです。

市民運動の要請を受けて、最初にソウル市のパク・ウォンスン市長のもと、オーガニック給食が実現しました（同市長は残念ながら亡くなりましたが、同じ弁護士でもあり、生前TPP反対運動でお会いしたことがありました）。どうしても、オーガニックの食材は一般の食材よりも2割から3割高くつくことになります。当初はその差額を市町村が負担することで始まったそうです。ところが市町村が食材を購入することは公共調達になるため、農薬や化学肥料を使っている一般のものよりも高いオーガニック食材を購入することは、不公平な扱いになり問題になり得ます。

一方、条例で学校給食の食材をオーガニックにすることを定めれば、市町村長としては高いオーガニック食材を買うことに法律上もなんの問題もありません。

キョンヒ大学兼任教授のカン・ネヨンさんの話では、韓国では学校給食をオーガニック食材にすることによって一気に有機農業が推進されて、ソウル市では農家の所得が14％増加し、今ではオーガニック食材の売上高の39％は給食向けが占めているとのことです。経済の波及効果も大きく、ソウル市では7000人の新たな雇用を生むなどの効果があったと報告がありました。

今では公立の小中学校や高校だけでなく保育園、幼稚園、そして病院、老人ホームなどの給食もすべてオーガニックになったそうです。詳しくは前出の「広がるオーガニック給食」8ページを読んでください。

ブラジルも学校給食を無償有機にする

世界でもオーガニックの学校給食が主流になりつつあります。

世界の農業問題に詳しい愛知学院大学の関根佳恵（せきねかえ）さんからも、次のような事例をうかがいました。

第十二章でも少し触れますが、約2億9千万人の人口を持つ南米の国ブラジルは、「学校給食の革命児」と呼ばれるほど先進的な取り組みをしています。

ブラジルでは1970年代から土地なし農民運動が始まり、1980年代には、「環境に配慮し、生態系と調和を保ちながら行う農業」を普及しようという運動が進んでいました。こうした農業のことを、アグロエコロジーと呼んでいます。

アグロエコロジーを進めるためには、農薬や化学肥料を使わない有機農法や、地元に密着した小規模・家族農業を増やし、彼らが作る農産物を買い支えていく必要があります。

そこでブラジル政府は2003年に「食料入手プログラム」（PAA）を導入。病院や介護施設といった公共施設での給食や、低所得者層への食料配布で使用する食材などに、地元の小規模・家族経営の農家が生産した農薬や化学肥料を使わない食材を優先的に調達すると決定しました。公共調達でこうした食材を使用することに踏み切った背景には、低所得者層に糖尿病など、食生活の悪化からくる生活習慣病が増えたことも関係していると言われています。つまり、人権の観点から、たとえお金がなくとも安全な食を得ることは権利であるという考え方が根付いているのです。

さらに2009年からは、全国学校給食プログラム（PNAE）として、この仕組みを学校給食にも広め、給食で使用される食材の30％（金額ベース）を地元の小規模・家族経営農家から調達することを法律で義務化し、アグロエコロジーを実践する農家からの調達を推奨していきました。

ブラジルでは、食事を三食食べられない貧困層が多いため、「食は（生きるための）権利である」という観点から、学校給食が完全無償で提供されています。日本でも貧困層が増加しています。子どもの6人に1人がまともな食事をとれない状況にあり、早急に無償化に取り組まなければなりません。

このようなブラジルの革新的な政策は、他国からも注目を浴び、EU諸国をはじめ多くの国から政府関係者や議員などが視察に訪れるようになっていました。

ところが2010年、このブラジルモデルが「自由な市場取引」を推奨するWTOのルールに違反しているということで、制裁金を科せられてしまいました。

あわや、ブラジルモデル崩壊の危機。当時のルーラ大統領はWTOに出向いて弁明し、制裁の取り消しを訴えました。それを国際世論も後押しした結果、翌年、WTOは制裁金を撤回したのです。これ以降は、世界的にこのブラジルモデルが広がりを見せています。

農民や市民の力でできたフランスの「エガリム法」

フランスでは、２０１８年にマクロン大統領のもとで「エガリム法」が公布されました。この法律では、２０２２年1月までに学校給食などの公共調達で購入される食材を、金額ベースで50％以上「持続可能で高品質な食材にする」ことが定められています。さらにそのうち20％以上を、認証を取得した有機食材にすることも義務付けています。

この法律の施行に至るまでには、やはりフランスにおいても市民運動の力がありました。１９９０年代から、有機農業団体や生産者団体などが中心となり、学校給食に地元産の有機食材を導入しようという働きかけが続けられていました。そうした流れを受け、社会党政権時代の２０１４年にアグロエコロジーを推進する法律ができ、マクロン政権下での「エガリム法」につながっていきます。またフランスでは、父親の育児参加率も高いため、学校給食の安全性については、男女関係なく関心が高いのです。こうした背景も法律の成立を後押ししたのではないでしょうか。つまり、決してマクロン大統領のトップダウンだけでできた法律ではなく、年月をかけて市民たちが働きかけを行ってきた結果、できたものなのです。

「エガリム法」は、非常に画期的な法律ではありますが、品質の良い食材を持続的に入手できるだけの環境が整っていないと、絵に描いた餅になってしまいます。実際に、法律が施行された2022年1月時点の達成率は、学校給食・病院・介護施設・政府系機関・その他の公共機関などを含めて全体で平均10％でしたが、学校給食に関してはすでに、目標値の20％を超え、24～58％にも達しており、内訳としては託児所がもっとも高くて58％、幼稚園・小学校では約40％、中学校では36％、高校では少し低くて24％となっています。

有機にしても食材のコストは変わらない

また、フランスでは自治体ごとに見ると、100％有機給食にしている自治体や、そこまでいかなくても70～80％は有機という学校もあって、全体で有機食材の率を底上げしていこうという流れが加速しています。

こうなると、気になるのはコストでしょう。

「学校給食を有機にしたら給食費が上がる。誰が負担するのか」といった意見をよく聞きますが、フランスでも導入前には、こうした懸念がありました。

「有機食材は使ってほしいけど、給食費が上がったら支払えない」と保護者から意見が上がったのです。しかし、実際にやってみると、多くの自治体で有機の食材を調達しても、値上がりしないかむしろ下がったという意外な結果でした。これはなぜでしょうか。

ひとつには、生産コストが安くすむ旬の食材を使ったこと。日本の給食では、真冬でも温室で栽培したトマトなどが出されるために、どうしてもコスト高になってしまいます。それをやめて、トマトを給食に出すのは旬の5月下旬から9月までと決めたのです。旬の食材は栄養価も高いですし、なにより美味しいものです。ふたつめは、肉や魚を減らして、豆や全粒穀物や野菜からタンパク質を摂取するようにしたこと。それからもうひとつは、なるべく生の素材から調理すること。冷凍食品や加工食品などは値段が高いわりに栄養価も少ない。しかも、美味しくないので食べ残しも多い。そういった部分のコストを削減することで、有機食材に変えても給食費を上げずにすんだそうです。

さらにフランスの場合は、給食の食べ残しによる食品ロスの削減に力を入れています。フランスの給食は、必ずしも毎日学校で食べる必要はなく、給食以外のものを食べたければ購入してもいいし、家に帰って食べてもいいという方針です。そのため、学校で給食を食べる人数をきめ細かく確認することで作りすぎを減らしています。

良い食の基準を作ることで学校給食を変えたアメリカ

アメリカでは学校給食はハンバーガーなどジャンクフードだと聞いていましたが変わってきました。２０００年代からワシントン州やカリフォルニア州など西海岸から有機給食が開始され、アメリカ全土に広がりを見せています。

この間、当時のオバマ大統領やミシェル夫人によって、「学校給食改善運動」（野菜や全粒穀物、低トランス脂肪酸など肥満にならない食事を推奨）が始まり、健康志向が高まっていきました。2012年には、カリフォルニア州で「NON－GMO」表示を求める住民投票が起こり、ロサンゼルスの学区で「良い食購入政策」が始まります。

〝良い食〟とはなんでしょうか。これには、次のような定義があります。

ひとつには、地元産であること。そして、環境に配慮した安心・安全な食材であること。加えて、地域の雇用に貢献していること、などいくつかの基準を設けたのです。

つまり、〝良い食〟というのは、たんに有機であるということだけでなく、地球温暖化対策などの環境配慮ができているか、働く人の権利に配慮されているか、社会全体の持続可能性につながっているのか、ということを問うものだと言えます。

ロサンゼルスの学区では、そうした〝良い食〟の基準の項目を作ってポイント制にして給食の入札を行ったところ、学校給食に参入していた大手の多国籍企業タイソンフーズが撤退したのです。これは全米で大きなニュースになりました。余談ですが、私は2006年、BSE（狂牛病）の視察でアメリカのタイソンの工場に行ったことがありました。劣悪な労働条件のもとで1日に5000頭の牛が次々にベルトコンベアで解体されていく様を見て驚愕しました。「良い食購入政策」を導入する以前は、価格競争の点で有利なタイソンフーズが落札していましたが、〝良い食〟の条件をクリアすることができなかったのです。これ以降、ポイント制を導入する学校が増えていったそうです。

その後、146ページでご紹介した「マムズ・アクロス・アメリカ」の運動が盛り上がり、より一層、学校給食のオーガニック化が進んでいきました。その結果、2014年にはカリフォルニア州で100％有機（地元産、小規模・家族農業を優先）の給食が開始されるまでに至りました。

このように世界では、オーガニックが当たり前です。さらに言えば、学校給食の無償化は、子どもたちが健康な生活を送るための権利として捉えられているのです。

日本のオーガニックの認証制度は問題あり

日本では、まだこうした状況にはほど遠いですが、それでも少しずつ学校給食のオーガニック化は前進しています。

ここで、そもそもオーガニックとは何かと、日本の有機認証制度について触れたいと思います。

「オーガニック」と「有機」は同義で、日本では有機農業の定義が「有機農業の推進に関する法律」において、次のように定められています。

「有機農業」とは、化学的に合成された肥料及び農薬を使用しないこと並びに遺伝子組換え技術を利用しないことを基本として、農業生産に由来する環境への負荷をできる限り低減した農業生産の方法を用いて行われる農業をいう。

つまり、「①化学肥料・農薬不使用」「②遺伝子組み換え技術で作られたものでない」「③農業生産における環境負荷をできるだけ低減」ということになります。ところが農水省は現在も明らかに遺伝子組み換え技術を利用したゲノム編集食品を有機認証しようと検討会を続けています。それは「有機農業の推進に関する法律」に反します。

これらを守ったうえで、さらに農林水産省が定めた「有機農産物の日本農林規格」（周辺から土壌改良資材や肥料、農薬が飛来しないことなどの細かい生産のルール）に従って生産された農産物を有機農産物と言います。ものによっては欧米でオーガニックとしては禁止されている農薬を認めている場合もあります。しかも、こうした条件をクリアしても、有機農産物という表示をするためには、その農産物を作る圃場（ほじょう）が有機ＪＡＳ認証を得ていなければならないなど厳格な基準があります。

しかし、有機ＪＡＳ認証以外にも、特別栽培米（化学合成農薬・化学肥料栽培期間中不使用）などの名称の使用が可能であり、これらの認証は、どのような農薬がどれだけ低減されたか、また化学肥料の低減の度合いも非常に曖昧です。

韓国では、すでに２０１６年から「特別栽培」の制度は廃止され、現在は2種類の認証に限定されています。ひとつは「無農薬」、もうひとつは3年間無農薬を継続し、３００種類の成分の土壌検査をした上で、基準に適うことができれば認められる「有機認証」です。日本もそのような制度に早急に変えていかなければなりません。

第十章

地域から変わる学校給食
～市民の取り組み～

学校給食の米を100%有機にすることに成功したいすみ市

学校給食をオーガニックにすることに成功した自治体を見てみると、おもに次の二つのいずれかに当てはまります。

一つめは、首長さんが学校給食のオーガニック化に意欲的で、農家や関係者を巻き込んで進めていくトップダウン型。二つめは、市民の声が学校を動かしたボトムアップ型です。トップダウン型で成功したのは、2017年から全国に先駆けて、市内の小中高すべての学校給食に使用する米を有機にすることに成功した千葉県いすみ市。

100%有機米を使用するというのは、かなり画期的なことなので、当時はメディアの取材も押し寄せ一躍有名になりました。

いすみ市は、房総半島南東部に位置する人口約3万8千人の小さな市です。日本全国どこの田舎町でもそうですが、いすみ市でも少子高齢化が進んでいました。しかし、学校給食をオーガニックにしたことが話題を呼び、現在は子育て世代の移住者が増えていると言います。

いすみ市は、なぜ学校給食の米を100%有機米にすることに成功したのでしょうか。

その背景には、いすみ市の太田洋市長の熱い思いがありました。

太田市長はかねてより、兵庫県豊岡市が実現させた「コウノトリ育む農法」*に感銘を受け、「環境にも人間にも優しい農業を成功させることで、地元経済の活性化につなげたい」と、その方法を模索していたそうです。それもあって、2012年に「自然と共生する里づくり連絡協議会」（以下、協議会）を起ち上げ、無農薬の米作りをスタートさせました。このところ太田市長とも親しくさせていただいていますが、大変気さくで明るいチャレンジャーです。

このプロジェクトの責任者として抜擢（ばってき）されたのが、いすみ市役所農林課・農政班主査の鮫田晋（さめだしん）さんでした。もともとサーフィンでいすみ市に通っていた移住者のひとりですが、熱い思いを持ち、まわりの方にも配慮が行き届く、素晴らしい方です。

ご自身も、とくに有機農法の経験を持っていたわけではありません。そこでさっそく、地元の慣行農家を呼んで勉強会を開いたり、豊岡市長を招いてアドバイスをもらったりしたそうです。とはいえ内心は、「本当にできるだろうか」という疑心暗鬼の状態だったそうです。というのも、当時いすみ市内で、有機米を栽培していた農家はゼロだったからです。しかし、協議会で勉強を進めていくうちに、「チャレンジしてみましょう」と手をあげる一軒の農家が現れ、約22アールの狭い田んぼで試験栽培が始まりました。評議会が起ち上がって一年後の2013年のことです。

しかし、無農薬栽培に関する知識はほとんどありません。たんに農薬や化学肥料を使わないということだけで始めてしまったため、田んぼが草だらけになって、それはそれは大変だったと言います。大人6人がかりで草取りをしても間に合わないほどの状態になってしまい、鮫田さんは「大変厳しい一年でした」と当時をふり返っています。

＊「コウノトリ育む農法」
兵庫県豊岡市では、乱獲や田んぼでの農薬使用などで1971年に絶滅してしまったコウノトリを取り戻そうと、農薬や化学肥料をできるだけ使用しない「コウノトリ育む農法」に取り組んできた。その結果、人工繁殖させたコウノトリを野生に戻すことに成功。2020年段階で、国内で生息するコウノトリは約200羽に達している。

稲葉さんの教えで雑草問題をクリア

「雑草の問題を解決しないと有機農法を続けることも広めることもできない」と思った鮫田さん。二年目は、化学肥料や農薬を一切使わない農法を研究・実践している民間稲作研究所の設立者、故・稲葉光國さんを技術講師に招いて、いすみ市の土壌に適した稲作の方法を学ぶことにしました。稲葉さんは、さきほどご紹介した「コウノトリ育む農法」を成功に導いたアドバイザーだったからです。

稲葉さんは、長年の研究によって、除草剤を撒かなくても田んぼに雑草が生えないという画期的な技術を編み出した、その道の第一人者です。その雑草が発芽する条件をうまく潰していくことで、雑草を生やさない田んぼが実現します。

たとえば、水田に発生する「こなぎ」という雑草がありますが、こなぎを生やさないためには、田植えをする1ヶ月ほど前に代掻き（しろかき）を3回することでかなり防ぐことができます。雑草の種子を土壌の表面に浮き出させて、それらを洗い流すのです。また、土のなかで早くから微生物が成長して粒子の細かい良い土、いわばトロトロ層になります。その土が、こなぎの上に覆い被さってくれるので、ほぼ発芽しないそうです。また、「ひえ」という雑草は、水がかかっていないとすぐに発芽するので、常に田んぼに水を張っておくことで、発芽を防ぐことができます。田舎の道路でも水たまりのあるところは雑草が生えていないのと同じ原理です。つまり、ポイントを押さえていれば、除草剤を撒かなくても、草取りに悪戦苦闘しなくてすむのです。私も稲葉さんから、そのような田んぼを何度も見せていただきました。また稲葉さんはブータンで稲作も指導しておられたので、一緒に行ったことがあります。現地でも農家の方が「本当に草が生えてきませんね」と驚いていました。

生前の稲葉さんは、「コツさえつかめば、誰でも労力をかけずして無農薬自然農法ができる」とおっしゃっていました。

害虫についても、農薬を使用しなければ、害虫の天敵であるカエルが田んぼに戻ってくるので、かえって害虫は駆逐されていきます。

いすみ市の場合も、一年目から害虫の被害はなく、二年目は稲葉さんの指導に沿って米作りをしたおかげで雑草にも悩まされることがなくなりました。

農薬を使わなくても雑草は生えない。手間暇かけずに米ができる。そんな様子を目の当たりにして、地元の農家の反応も変わっていったそうです。それに2022年に私が米農家を訪ねたとき、「今年米価が60キロ1万円を切りましたが、いすみ市では2万円から2万4千円で買い上げてくれるので、これまで10ヘクタールのうち4ヘクタールを有機栽培で作付けしていました。来年は10ヘクタールすべてで有機栽培に挑戦します」と語っていました。

残念ながら私が敬愛していた稲葉さんは2020年の暮れに亡くなりましたが、民間稲作研究所は稲葉さんの跡を継いで、舘野廣幸さんが理事長になり、他にも國母克行さん、川俣文人さん、古谷慶一さんなどが稲葉式の除草剤なしの稲作についての指導をしています。山田正彦法律事務所にご連絡をいただければ、ご紹介いたします。


学校給食への使用が農家のモチベーションに

いすみ市の鮫田さんは、「みんなで有機農法を学んでいこう」と声をかけ、地元の農協や、慣行農家の方々も巻き込んで仲間を増やしていきます。

その結果、有機農法にチャレンジしてくれる農家が増え、2015年には4トン（学校給食1ヶ月分）だったものが、2018年には42トンになり、結果としてわずか6年で学校給食を100％有機米に変えることに成功したのです。現在は、農家23人、計25ヘクタールの作付け面積で収穫高100トンを達成したところです。

鮫田さんは、こうした急速な成長を支えたのは「有機米を学校給食に提供できたことだった」と言います。市としては、農家に協力を求める以上、安定した収入を見込めないといけません。協議会のメンバーで収穫した有機米の活用先を話し合ったとき、「安全な米は子どもたちに食べてもらいたい」と満場一致で答えが出たそうです。2015年からいすみ市の学校給食に地元の有機米が提供されるようになったのです。

市役所には「応援している」「もっと提供してほしい」「お米はどこで買えますか」といった好意的な問い合わせが相次いだのだとか。この反響のおかげで翌年からは予算が付き、規模も拡大していきました。

野菜も有機に

学校給食の米が全国に先駆けて100％有機になる。これは、いすみ市民にとってもインパクトが強かったのでしょう。ほどなく地元の野菜農家から、鮫田さんの元に次のような一本の電話が入ります。

「私たち、有機の野菜を作っているので、よかったら給食で使ってください」

これを聞いて「待ってました！」と思った鮫田さん。電話の主を訪ねていくと、地元の小規模家族農家でした。さっそく協議会のなかに野菜のグループを作り、地元で有機野菜を作っている家族農家さんに声をかけて、学校給食に取り入れていくことにしたのです。

これまで地元の家族農家の野菜はまったく給食に供給されていなかったので、既存の学校給食ルート以外に別の供給ルートを作る必要が出てきました。そこで、２０１８年から「有機野菜連絡部会」を作り、そこを調整役として、地元の直売所で必要な数量をそろえて学校給食センターに供給するという流れを作りました。この結果、２０２２年段階では、地元の野菜８～９品目を有機で提供できるようになっているそうです。私も早速野菜の有機栽培に取り組んでいる農家に、鮫田さんの紹介でうかがいました。にんじんを収穫していましたが、「夏場に透明なビニールを土壌にかけて雑草を日光で焼き尽くせば、秋冬のにんじん、大根などの野菜は除草剤、殺虫剤なしで十分できます」と胸を張っていました。

今では、有機米は学校給食に使用されるだけでなく、「いすみっこ」というブランドで一般向けにも販売されるまでに規模が拡大しています。

子どもたちが有機農業を体験しての食育

有機の生産物を学校給食に取り入れることは、ほかにも大きなメリットをもたらします。それは、「有機給食を通して得られる学び」だと、鮫田さんは言います。鮫田さんは農林課に配属される以前、教育委員会の仕事をしておられた関係で、たんに有機食材を食べるだけでなく、子どもたちがそれをどう受け止めるかがとても重要だと感じていました。

そこで授業の一環として、子どもたちに有機農業を体験してもらうことにしました。

総合学習のプログラムを作り、鮫田さんご自身が年間15回ほど（各45分×15回）学校に出向いて授業を行います。授業の内容は、まさに実践です。有機の田んぼに素足で入って、「ほら、たくさんカエルがいるでしょう」と。「農薬を使っていないからカエルがたくさんいるんだよ。このカエルが害虫を食べてくれるんだよ」と、じかに教えるのです。

そんなふうに子どもたちに説明することで、子どもたちは有機農業の良さや、生態系を守ることの大切さを体感していきます。有機農業を体験しても、学校では環境や食の安全とはほど遠い、入札で提供された米が出されているとなるとガッカリしますよね。でも、そうではなく、地域で行われている有機農業をみずから体験し、そのお米を給食で食べるのですから、持続可能な環境の上に自分たちの健康があるんだ、と実感を持って受け止められるのです。

以前は、環境教育とか食育といった授業がバラバラに行われていたそうですが、このように総合的に学べる点が、いすみ市の画期的なところだと思います。

私自身も、いすみ市の学校を訪れて、子どもたちと一緒にこの授業を受けさせてもらいました。自分たちで収穫した米を、足踏み脱穀機を使って脱穀するのですが、子どもたちが実に楽しそうで、私も一緒に足踏みしました。子どもたちが、それはそれは美味しそうに給食のご飯をほおばっていたのが非常に印象に残っています。農家さんもまた、子どもたちの笑顔を見ながら生産ができることを生きがいに感じておられるとのこと。素晴らしい関係になっています。

学校給食のオーガニック化は必ず実現できる

このところ、各地で学校給食のオーガニック化を求める動きが加速しています。鮫田さんの元にも、毎日のように「どうやったらできますか？」という問い合わせの電話がかかってくるのだとか。鮫田さんは、そんなみなさんにこうアドバイスしておられます。

「行政は、新たな試みをする際はどうしても慎重になってしまいます。できない理由を探してしまうんですね。ですから市民のみなさんが行政にかけあって、すぐに良い結果に結び付かなかったとしても落胆しないでください。学校給食のオーガニック化は環境にとっても子どもたちにとっても良いことで、世界の学校給食の潮流はオーガニックになっています。ですから、熱意を持って当たれば必ず実現します。すぐに諦めないでトライしてほしいと願っています」

私自身も、学校給食を有機にするためには、自治体の首長が強い意志を持って決断、実行することが不可欠だと思っています。しかし、その気にさせるのは他でもない私たち市民一人一人。ですから、自治体にいすみ市の事例などを紹介しつつ、じっくり動いていくことが必要だと思っています。

市民の力で学校給食を有機化した武蔵野市

次に、市民の声で有機給食を実現させた〝ボトムアップ型〟である東京都武蔵野市の事例をご紹介します。

武蔵野市は、いまから40年以上前の1978年という早い時期から、市内の境南小学校で〝安全給食〟という名前でオーガニック給食をスタートさせました。

安全給食とは、①「低農薬・無農薬・有機肥料の米や野菜」を使用するほか、②「非遺伝子組み換えの飼料で育てた鶏卵、日本の海水を濃縮し平釜で煮詰めて作った海塩」、さらには③「有機国産丸大豆と自家製国産米麴、「伯方(はかた)の塩」で醸造した無添加の味噌」、④

「富士山の水で作った無添加の酢」、⑤「米と麹だけで醸造した無添加のみりん」、⑥「種子島サトウキビ１００％の「洗双糖」」など、徹底して品質にこだわった調味料も使用した給食です。

有機給食という言葉を使わず〝安全給食〟と呼んでいるのは、「有機」という言葉に対して、さまざまな考えや意見の相違があるためとのこと。校長先生がみんなに配慮して〝安全給食〟と名付けたのだと言います。

今では、こうした〝安全給食〟が、武蔵野市の全部の小学校で実施されています。

保護者と栄養士がタッグを組んだ

なぜ、こんなにも早い時期から学校給食の有機化が実現できたのでしょうか。

そのきっかけは、保護者の山田征（やまだせい）さんという方が始めた「かかしの会」と呼ばれる保護者の会の活動でした。

もともと、「かかしの会」では無農薬有機栽培の米や野菜を栽培しており、他の有機栽培農家とも交流があったので、「安全な食材を子どもたちに食べてほしい」という思いから、学校に働きかけることにしたそうです。会に参加している保護者と山田さんが、担任の先生と栄養士の海老原洋子さんに思いを伝えたところ、それに賛同したおふたりが校長先生を説得。ここから実現に向けて動き始めました。

とはいえ、一朝一夕に実現できたわけではありません。

もっとも大変だったのは、旬の食材に合わせて給食メニューを考案するという点でした。通常の給食は、メニューありきで、そのメニューに応じて食材を調達します。しかし、地元で採れた旬の有機野菜を使用するためには、その季節に手に入る野菜で作らねばならないので、どうしてもメニューに制限がかかります。そこは、栄養士の海老原さんの腕の見せどころでした。手に入る食材で、うまくメニューを考案してくれたのです。しかし、それでも栄養バランスの観点から足りない食材が出てきます。そのときには山田さんが中心となって、全国を回って有機食材を調達します。収穫が追いつかないときには、「かかしの会」に参加している保護者たちが、農家さんの収穫を手伝うことで、約１２００人の子どもたちの食材を給食室に運んだこともあったと言います。

たとえば、栄養士さんが「秋は安全な栗ご飯を子どもたちに食べさせたい」と思っても、その人数分の栗をむいて下ごしらえするには調理師だけでは人手が足りません。そんなときには、「かかしの会」に参加している保護者たちが協力し、子どもたちに一袋ずつ栗を持ち帰ってもらい、家で栗をむいて、翌朝９時までに給食室に持ってきてもらったそうです。

ほかにも、無農薬で泥付きのネギが給食室に運ばれてきた場合、その泥を落とすのは調理師さんにとっても大変な作業です。そんなときも「かかしの会」の保護者たちが泥を洗ってから搬入する手伝いをしました。

また、すでにご紹介したように、武蔵野市では学校給食に使用する調味料にもこだわりがありますが、その確保も栄養士さんや「かかしの会」の方々が協力し合って行ったそうです。具体的には、生産工場や醸造所を調べて直接交渉し、安全な原材料で特別に製造してもらえるよう、1年がかりで入手ルートを構築していったのです。

そのほかにも、「有機のエサで育った豚を子どもたちに食べさせたい」との思いから、栄養士さんと「かかしの会」とで納入業者さんと交渉し、丸ごと一頭、豚を購入。さらにそれを解体・精肉するシステムを作って給食用に搬入してもらえるようになったそうです。学校給食が変わったことで、子どもたちの食べ残しもグンと減りました。

気になるのは、給食費。これだけ手間暇かけているのだから、さぞ給食費が高いのだろうと思われがちです。ところが、2021年度の東京都の給食費を見ると、一食あたりの給食費（小学校低学年）は平均で236円。武蔵野市はもっとも高く260円なのですが、それでもわずか24円の差です。できるだけ加工品を少なくすることでコストを抑えていますが、手作りしているので、どうしても人件費はかかります。

この差分の負担はどうしているかと言うと、武蔵野市の場合、２０１０年に武蔵野市の財政援助出資団体として設立した「給食・食育振興財団」が負担しています。

じつは、この財団が設立されるきっかけは、小泉政権下で給食の民間委託が推進されたからなのだとか。民間委託されてしまったら、コスト重視になり、これまで市民と学校が一体となって進めてきた安全給食を続けられなくなってしまいかねません。これはマズイと思った栄養士さんや保護者のみなさんたちは、一致協力して武蔵野市に働きかけました。その結果、これまで通り安全給食を続けていくため、武蔵野市が１００％出資する形で、財団が設立されたのだそうです。

こうして、武蔵野市のたったひとつの小学校で始まった安全給食は、すべての小学校へ広がり、２０１０年から始まった中学校の給食の基準にもなっています。


「食と農のまちづくり条例」を制定した今治市

〝条例制定型〟で給食の有機化を実現したのは、全国に先駆け２００６年に「食と農のまちづくり条例」を制定した愛媛県今治市です。

今治市は、瀬戸内海を望む風光明媚(めいび)で温暖な土地で、人口は約15万人。今治市といえば、

「今治タオル」をまっさきに思い浮かべる人が多いと思いますが、じつは1970年代後半から有機農業がさかんな町でもあるのです。

学校給食が有機に変わるきっかけになったのは、1981年の学校給食センターの建て替えでした。大規模な学校給食センターを建てようとしていた市の施策に対し、土壌の汚染を心配する地元の有機生産農家や、安心・安全な給食を求める保護者たちから反対意見が上がりました。このとき、反対派の市民たちに支えられ、〝自校方式〟の給食を公約に掲げて市長選に立候補した岡島一夫氏が初当選を果たします。この岡島市長の誕生が、今治市の学校給食を地産地消・有機化へと導く、大きな一歩になったと言います。

自校方式の第一号となったのは、今治市立花地区にある鳥生小学校でした。地元で活動していた立花地区有機農業研究会の人々は、「自分たちが作った安全で美味しい食べ物を子どもたちに食べさせてほしい」と市長に要望。これを市長が快諾したことで、立花地区にあった4つの小学校と1つの中学校、計1700食分の食材を、有機農業研究会と地元のJAから、それぞれ提供することになったそうです。

今治市の農林振興課地産地消推進室の室長として、長年にわたり学校給食の地産地消や有機化を進めてきた安井孝さん（現在：NPO法人愛媛県有機農業研究会理事長）によると、今治市は、学校給食に有機食材を導入するにあたり、次のような手順を踏みました。

まず、学校給食課長を中心に農林水産課、栄養士、教員、ＰＴＡ、ＪＡなどの関係者を加えた〝推進チーム〟を作りました。

もう一方で、ＪＡ今治立花を事務局とした、立花地区有機農業研究会を作り、そこを〝生産チーム〟として、〝推進チーム〟と連携を図りながら、すぐに導入できる有機食材の品目を洗い出し、供給可能な量から導入を始めていったそうです。

つまり、すべての食材を一気に有機にするのは無理ですから、〇〇小学校の調理場で使用する10月のさつまいもは有機に変えましょう、といった形で少しずつ拡大していったわけですね。

また、同じ作物でも早期栽培の品種とそうでない品種を組み合わせて栽培してもらうことで、長く収穫できるようになり、学校給食の食材として提供しやすくなったとのこと。こうした工夫も、学校現場と生産現場が話し合いながら進めていくことで可能になったのです。

立花地区から始まった自校方式の給食は、徐々に今治市全体へと広がっていきます。

これに伴い、それぞれの地区の有機生産者が協力することで、有機の割合も少しずつ増えていきました。

有機給食成功のカギを握る自校方式給食

学校給食に有機農産物を導入するためには、農家はどのように生産計画を立てればよいのでしょうか。

前出の安井さんは、「調理場ごとの食数や給食の提供日数を踏まえたうえで、その調理場で使用されている野菜の品目や月別の使用量を調べると、いつ、どのような食材が、どれくらい必要なのかが見えてくる」とおっしゃいます。

ここから逆算して、どれくらいの有機作付け面積が必要かを割り出し、地域の農家に協力を求めていく必要があるわけです。

また、もうひとつ成功のカギとなるのは「小規模な調理場で作る自校方式給食」です。企業に丸投げしているような大規模な給食センターだと、「量がそろわない」「規格がそろわない」などの理由で地場産や有機食材を導入するのは難しいものです。しかし自校方式にすれば調理場ごとにメニューを決定できるので、使用する食材を分散できます。これによって、地場産だけでも対応できるのだそうです。また、自校方式にすることで、調理師ひとりあたりが担当する調理食数は約70食と、大型の学校給食センターに比べて約3分の1になるため、食材の規格がそろわず調理機械が使えなくても、手作業での調理がしやすいといったメリットもあるそうです。

市民に危機感を示した都市宣言

今治市で地産地消、有機給食が始まって5年後の1988年、今治市議会は「食糧の安全性と安定供給体勢を確立する都市宣言」を全会一致で採択します。

この宣言は、「日本の食糧自給率が非常に低いこと」「輸入食物には防腐剤、殺虫剤等農薬が残留しており、国民の健康を害していること」などが明記され、そのうえで「安心・安全な食糧を安定的に供給することは市の役割である」ことなどが謳われています。

この宣言が採択された1980年代後半は、アメリカから輸入されるレモンに散布されている防カビ剤OPPなどの発がん性が問題になっていた時期でした。こうした背景も、都市宣言を採択する後押しになったのではないでしょうか。

今治市では、この宣言通り、地域で有機生産者を増やしていく取り組みにも力を入れていきます。地産地消の有機給食を導入した岡島市長は1989年に引退されましたが、そのスピリットは次期市長の繁信順一さんに受け継がれ、繁信市長は「今治市地域農業振興会」を設立。この振興会が主催となり、今治市実践農業講座をスタートさせて、地域の有機農家を育てていったのです。ここで有機農業を学んだ農家さんたちが、地域の学校に有機食材を供給するという良い流れができていきます。また、学校給食だけでなく、夏休みなどで学校がお休みの時期にも安定した出荷先を確保できるよう、地産地消のマルシェを開いたり、地元の飲食店で使用してもらったりと、町ぐるみで有機食材を広めていくスキームも構築していきました。

１９９９年には、今治市の学校給食すべてのお米を今治市産の特別栽培米に切り替えることに成功します。特別栽培米というのは、農薬や、化学肥料のチッ素成分量を慣行栽培基準の50％以下に抑えて作ったお米のこと。当時、まだ特別栽培米を作っている農家が少なかったそうですが、繁信市長が、割高で米を買い取るなどして作り手を増やしていったそうです。

「お米の次は小麦だね」。そんな市長のひと言で次に始まったのは、小麦の栽培でした。当時、今治市では一粒の小麦も生産していなかったそうですが、九州や沖縄で、西南暖地向けのパン用小麦の品種開発に成功したというニュースを聞き、これを今治市でも採用。試験栽培をしたところ良い結果が得られ、徐々に収穫高が増えていきます。

続いて豆腐に使用する大豆も、今治産に切り替えることに成功。残留農薬が心配されるアメリカなどからの輸入小麦や大豆を学校給食で使用する必要がなくなりました。

小麦や大豆は有機栽培ではありませんが、輸入小麦などのようにポストハーベストの心配はありません。さらに、地域のレストランが使用するなどして、地域活性化にもつながっていったそうです。

現在、週3回提供されている米飯給食は、今治市産特別栽培米を100%使用。パンも100%今治市産の小麦で作ったもので、豆腐の原料は地元産の特別栽培大豆サチユタカです（2022年時点）。

遺伝子組み換えも規制する条例

2005年には、平成の大合併で新・今治市が誕生。ここで再び、1988年に採択した都市宣言を採択し直します。

そして、翌2006年には、都市宣言の実効性を担保するために、満を持して「食と農のまちづくり条例」が制定されたのです。

この条例は、「地産地消の推進」「食育の推進」「有機農業の振興」を3本柱に据えており、有機農業の妨げとなる遺伝子組み換え作物の栽培を規制する画期的な内容となっています。

私がとくに感嘆したのは、今治市の承諾なくして遺伝子組み換え農産物を作付けした場合、半年以下の懲役または50万円以下の罰金が科せられる、という点です。市長の食の安全に対する断固とした思いが伝わってきます。これほど思い切った施策をとることができるのも、地域住民たちと長年かけて培ってきた食の安全への共通の理念があるからなのでしょう。

2022年時点において、今治市には11の共同調理場と10の自校方式調理場があり、小学校26校、中学校16校、高等学校2校に、約1万2700食を提供しています。そのうち、野菜と果物を合わせて約40%が地元産、うち約10%を有機農産物で賄っているとのこと。献立は調理場ごとに異なっているので、食材が重なることはありません。レシピ集も制作しており、給食のメニューを自宅でも再現できるようにしているそうです。

今治市では、有機農業への参入者を増やすために有機農業の知識や技術を学ぶ「実践農業講座」を開催しているので、今後さらなる有機面積拡大が期待できます。

このように、地元の農家や市民たちの思いを後押しする形で市が動き、都市宣言を経て条例へと発展した今治市のケース。

学校給食の地産地消・有機化を起点に、地域全体の食料自給率を上げ、地元経済を発展させています。

今後、学校給食の有機化を目指す方々は、ぜひ参考にしていただきたい自治体のひとつです。

各市町村でも条例制定が始まる

各市町村で学校給食の有機化に向けて条例制定への動きが始まりました。大分県の佐伯(さいき)市では田中利明市長が「さいきオーガニック憲章」を市議会で成立させました。

宮崎県東諸県郡(ひがしもろかたぐん)綾町では2023年3月、籾田学町長が「綾町オーガニック給食の推進に関する条例」を制定しました。同条例は条文の中に町の責務（第4条）、学校の責務（第6条）として、オーガニック食材にしていくことを義務として明記した、日本としては初めての画期的なオーガニック給食条例です。

トキとの共存から始まった佐渡市の認証米

新潟県佐渡市は、言わずと知れた日本海に位置する美しい離島の佐渡島(さどがしま)にあり、人口は約5万人。小学校と中学校、さらに幼保を合わせて年間50トンの給食を提供しています。

2020年に佐渡市の市長に初当選した渡辺竜五市長は、前職で市役所の農林水産課長を務めていたこともある方で、2007年に発足した「朱鷺(とき)と暮らす郷づくり」認証制度の仕掛け人であり、〝佐渡市認証米〟を作った立役者でもあります。

もともと豊かな自然に恵まれている佐渡ですが、地域の開発が進んだり、農薬などの使用が進んだりすることで、その自然環境が失われつつありました。そこで、こうした認証制度を作ることによって、生物多様性が確保できる米作りを推進する狙いがありました。その象徴として掲げられたのが、国の天然記念物となっているトキの生育を守ることだったのです。

佐渡市認証米の認証を得る条件としては、農薬や化学肥料が慣行基準の50％以上減であること、生物多様性が育まれるように水田にビオトープを作るなど、いくつかの項目をクリアする必要があります。この認証を取得していない農家でも、佐渡市内の農家はほぼすべてが農薬・化学肥料50％減を達成しているのだとか。現在、佐渡市内にある小学校の給食には、すべてこの佐渡市認証米が使用されています。

早くから持続可能な環境づくりを目指してきた佐渡市は、2010年に生物多様性条約第10回締約国会議（COP10）に参加するなどして、トキの野生復帰や自然再生の取り組みを発表するなど積極的に世界に向けて発信してきました。2011年には、島全体が「トキと共生する佐渡の里山」として日本初の世界農業遺産にも認定されています。

ところが69ページに記したように、一時期は田んぼで使用していたネオニコ系の除草剤の影響を受けて、トキのエサとなるカエルなどの生物が激減してしまうという事態が起こります。その結果、トキの数も減少してしまったのです。そこで佐渡市では、農家に理解と協力を得る努力を重ね、認証制度の条件にも「除草剤を散布していない水田で作られていること」などを加えて、田んぼでのネオニコ系農薬使用禁止に踏み切っています。

「みどりの食料システム戦略」が後押しに

このように渡辺市長は、農薬・化学肥料5割減の認証米の普及に取り組んできたわけですが、有機米の生産を諦めていたわけではありません。「好機が訪れるのを待っていたのだ」と言います。

その好機が訪れたのが2021年5月、農林水産省がようやく重い腰を上げ、「みどりの食料システム戦略」を発表したときでした。この戦略については139ページで詳述しましたが、渡辺市長は、この農水省の発表を見て、「いよいよ本腰を入れて有機に取り組む時期がきた」と、即座に有機へと舵を切ったのです。

その年の12月、栃木県小山市で開催された「第20回全国菜の花サミットin小山」に参加した渡辺市長は、〝学校給食オーガニック宣言〟を打ち出し、小学校の給食で使用している佐渡市認証米から、徐々に無農薬・無化学肥料の有機米へと切り替えていくことを表明しました。

私も、ちょうどこのサミットに参加していたので、堂々と「学校給食をオーガニックにします」とおっしゃった渡辺市長を見て、これは応援したいと思ったわけです。

翌年の2022年2月には、オンラインで「第1回佐渡市有機農産物活用勉強会」が開催され、私も講師として呼んでいただき、世界ではオーガニック給食が当たり前になりつつあることや、農薬が子どもたちにどんな影響を与えているのかなど、お話をさせていただきました。

私は後日改めて、勉強会を担当していた佐渡市農林水産部・農業政策課の中村長生さんに、こうした勉強会を開く狙いをお聞きしました。

中村さんは、「生産者・消費者の両方の意識向上のためには、まずは勉強会を通して、情勢や知識を学んでもらう必要があると考えている」とおっしゃったのです。

というのも、〝オーガニック〟とか〝無農薬〟と聞くと、どうしてもまだ、「一部の富裕層だけが食べるもの」と思っていたり、一方では、「虫食いが多い」とか「斑点米が多いのでは」などとマイナスイメージを持っていたりする方も多いからです。実際に調理師さんに話をうかがうと、このように思っている方がいらっしゃったそうですが、有機農法も進化していますし、農家さんも非常に気を配っておられるので、実際は斑点米が多いということはありません。これは、精米するときに色彩選別機が使われるようになってきたからです。また、高騰している肥料を使わなくてすむことを考えるとコストを抑えられると考えることもできます。さらに栄養価においては、農薬を使って作った米より有機米のほうがミネラルを豊富に含んでいるというデータもあるのです。

佐渡市では、すでに有機で米作りに取り組む農家も増加しつつあって、２０２２年段階では40軒の農家が有機栽培で米を作っているそうです。その結果、２０２２年6月から小学校で、一日あたり約３０００食を1ヶ月間に限って佐渡産の有機栽培の米に切り替えるなどの試みができるようになったり、佐渡市内の保育園の給食で有機米を提供したりと、できるところから取り組んでいます。保護者から「あの米はどこで購入できますか」という問い合わせが来るなど、非常に好評でした。

中村さんによると、佐渡市内のすべての小学校で年間に使用されている米は約50トンで、これをすべて有機米に切り替えるには、新たに15ヘクタールの作付けが必要になるとのこと。問題は、どれくらいの農家が有機に転換してくれるかです。

「有機に転換してもらうためには、市が収入を補填（ほてん）することで農家を支えていく必要があります。というのも、有機に切り替えて最初のうちは、どうしても収量が半分程度に落ちてしまうからです。また、除草剤を撒かないため、田んぼの草取りをする手間がかかります。佐渡市では、少しでも農家の手間暇を省くために、水田用の草刈り機を導入し有機農家の省力化を支えています。市が農家に対してさまざまな助成をすることで、少しでも有機米の販売価格を下げ、消費者が買いもとめやすいようにしたいと考えています」（中村

学給無償化 自治体3割

物価高受け 継続へ 財源課題

本紙調査

ロシアのウクライナ侵攻や円安に伴う物価高騰を受け、小・中学校の給食を実施する全国約1600市区町村の3割が、2022年度に給食費を無償化したことが日本農業新聞の調査で分かった。子育て世帯の生活支援などが狙い。うち6割が物価高対策にも活用できる政府の臨時交付金を活用。交付金が切れる23年度から自主財源で無償化する自治体もあり、給食費助成の動きが加速している。（栗田慎一、丸草慶人）▼2、13面に関連記事

2022年度に給食を無償化した自治体は3割に上った

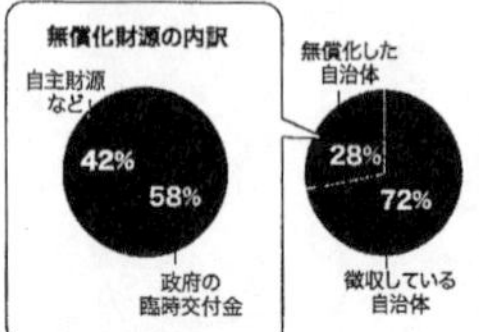

都道府県や市区町村への取材、内閣府の新型コロナウイルス感染症対応地方創生臨時交付金の自治体別事業一覧を基に調べた。

小・中校とも複数月や通年で無償化した市町村は全都道府県で計451に上った。人口は数千から5万前後が大半だが、20万規模の市もある。6割近い263が物価高騰が始まった22年度から臨時交付金を活用して無償化し、食材費の価格高騰分も補填（ほてん）している。一方、21年度以前から無償化している自治体は自主財源が多い。

同交付金を巡っては、ウクライナ後の物価高騰を受け、内閣府が22年度から学校給食の食材調達費などにも使えると通達している。

無償化した市町村数の多い順では、北海道51、埼玉県27、福島県23、大阪府19、山梨県と奈良県18、群馬県17など。給食実施自治体数に占める無償率が高いのは、山梨県7割、群馬県5割強、埼玉県5割、奈良県4割強。

一方、無償化していない自治体でも、臨時交付金活用で半額程度を補助、第2、3子以降分や中学校だけを無料にするなど、軽減策を用意している。

どの自治体も財源が最大の課題で、臨時交付金を財源にする自治体の大半は交付期限後の4月以降の継続を「未定」「徴収再開予定」とする。一方「自主財源から捻出する」自治体も東京や千葉など首都圏を中心に複数あり、財政事情を背景に判断が割れそうだ。

学校給食法は食材費を保護者負担と規定しており、各自治体は給食費を1食200円台～300円台に抑えている。国による最新の給食無償化調査（17年度）では、当時の無償化は76市町村だった。

千葉工業大学の福嶋尚子准教授（教育学）は「無償化した自治体だけで3割とは驚きだ。ただ、財政事情による自治体間格差が広がれば、住む場所を選べない子どもの食べる平等が損なわれかねない。費用負担の在り方を考え直すべき時が来ている」と指摘する。

日本農業新聞2023年2月22日朝刊より

東京23区の給食費無償化

足立区（小中学校のみ）
北区
葛飾区
板橋区
練馬区
荒川区
豊島区
中野区
文京区
台東区
墨田区
杉並区
新宿区
江戸川区
千代田区
渋谷区
中央区
江東区
港区
世田谷区
目黒区
品川区
大田区

新年度に導入予定
今後導入方針
今後検討
現時点予定なし

NHKの調査による（2023年2月）

さん)

佐渡市は、給食代についても、保護者に価格転嫁はせず市の助成で賄っています。そうしないと、「給食代が上がるなら有機を使わないで」という保護者もいるからです。海外では、食は人が生きるための権利として、子どもたちの学校給食は無償で提供される時代になってきています。

学校給食の無償化が急速に進む

2019年、私が韓国から帰ってすぐに日本で学校給食を無償にしている市町村を調べたときは36でしたが、今ではすごい勢いで増えています。日本農業新聞の調査で全国約1600の市町村のうち、3割が2022年度に学校給食を無償化したことが明らかになりました。無償化した市町村の数の多い県は山梨県が7割、群馬県が5割強、埼玉県が5割、奈良県が4割です。

NHKの報道では東京都が今年度から葛飾区、品川区など8の区で無償化を決定、5の区で検討中なので、今年度は東京都でも6割の区で実現するかもしれません。

全国でも2023年度の各市町村の学校給食無償化も、検討中を考慮すれば5割の実現も夢ではないといえるでしょう。

学校給食無償化が実現できれば、次はその質です。韓国がそうであったように、次はオーガニック給食の実現です。

センター方式では給食が冷たくなる!?

地産地消の有機給食を実現するためには、大規模なセンター方式給食ではなく、自校方式給食が適していることは、すでにお伝えしてきた通りです。

文部科学省が調査した2018年度の学校給食実施状況によると、全国の公立小学校のうち、センター方式給食を採用しているのが約52%、自校方式給食を採用しているのが約47%と拮抗(きっこう)しています。一方、中学校では、センター方式が約62%、自校方式が約25%と約2・5倍センター方式が上回っています。ただ、現在の給食施設が老朽化したこともあり、各地で自校方式に転換させる動きが活発になっています。先日うかがった三重県名張市でも、2022年12月には市議会で決められそうだと市民グループの方たちが盛り上がっていました。

残念ながら長崎市では、自校方式の調理室が老朽化したことにより、2022年にセンター方式の学校給食に切り替えてしまいました。地元の長崎新聞に2022年3月9日、「『給食が冷たい』 学校の8割超　新設の長崎市北部センター　教育厚生委」の記事が掲載されました。新設された給食センターについて、提供先の小中学校にアンケートしたところ、8割以上の21校が「冷たい」または「少し冷たい」と回答し、「調理後2時間以内に給食できるよう努める」と定める文部科学省の基準をほとんどの学校で満たせていなかった、とあります。

私のところに、これまで学校給食の食材を納入していた地元の業者から連絡がありました。「私たちはセンター方式になってもこれまで通り地元の豆腐や肉、かまぼこ、野菜などを納入できるものだと考えていました。しかし東京から大手の受託業者が来て、私たちのような地元の小さな業者は全部締め出されました。またセンターに勤めている人の話では、センター方式になると野菜などの下処理にかかる時間が取れず、ほとんどが冷凍加工食品、長崎のかまぼこも冷凍になり、じゃがいも（長崎の特産物）を除いて生野菜はなくなったそうです。それに、まな板や包丁を使用することはほとんどないそうです」

業者にはまだ確認できていませんが、そのような状況になっているようです。

一方で、センター方式給食から自校方式給食へと転換させた市長がいます。

新潟県五泉市で、１９９８年から２０１０年まで市長を務められた五十嵐基さんです。

私が２０２２年6月に五十嵐さんを訪ねたときにちょうど自校方式への切り替えを達成するところで、給食センターの建物を壊しているところでした。

五泉市の給食センターを取り壊すところ

センター方式を自校方式に変えた五泉市

五十嵐さんは、「日本の農業の衰退は学校給食が原因」とはっきりおっしゃっています。

１９５４年、日本政府は学校給食法を制定し、アメリカから入ってくる小麦などを学校給食に使用することで、〝パンと牛乳〟を子どもたちの食文化に定着させたのです。つまりアメリカは、学校給食という公の場で、計画的、組織的、継続的に食べさせることで、恒久的にアメリカの輸入先として日本人の〝胃袋を押さえる〟戦略をとったのです。子どもの頃に覚えた味は、大人になっても忘れませんからね。確かに私も太平洋戦争中に生まれましたが、物心ついた頃に五島列島でも、進駐軍（米軍）のジープが「米を食べると頭が悪くなる」と放送して回っていました。東大の鈴木宣弘教授も、当時慶應大学の教授がそのような本を書いてベストセラーになったと語っていました。

　1976年に米飯給食が導入されたものの、時すでに遅し。見事に日本の食文化は〝ご飯と味噌汁〟から〝パンと牛乳〟、あるいは〝麺〟に変わってしまったのです。この間、私は、生まれ育った地域の農民たちが、米の減反政策を強いられるのを目の当たりにしてきましたが、当然のことながら米離れが進み、農村は衰退の一途。減反政策もあいまって食料自給率は下がり続けました。

「このように、学校給食のあり方が原因で日本の農業が衰退したのであれば、学校給食で復活させて、国民の食と命を守らねばなりません」と五十嵐さん。

　私も、まったく同意見です。

　1998年、市長に初当選した五十嵐さんが最初に着手したのが、給食のあり方を見直し〝自校方式給食〟に切り替えるための下準備をすることでした。

　まず、幼稚園や保育園に通う子どもを持つ保護者を対象にして、「子どもの将来を考えたら学校給食はどうあるべきか」というテーマで考えてもらう機会を設けました。みなさん、給食をこうしてほしい、という強い要望がある状態ではなかったので、あくまでも〝自校方式給食〟を押しつけるのではなく、今導入しているセンター方式のほかにも、自校方式というのがあって、それぞれどんなメリット・デメリットがあるのか、有識者にも参加してもらって、幅広く勉強しようじゃないかというところから始めたと言います。

市議会・県議会議員時代から学校給食の改革を行いたいと考えていた五十嵐さんは、かねてから教育委員会や農林課などと議論を重ね、学校給食でどのような食事を提供すれば子どもたちの成長によい影響を与えられるのかを検討しました。とくに興味深かったのは、県警本部との議論でした。

「県警本部も、重大事故を起こしたドライバーと食生活にはなんらかの関係があるのではないかと関心を持っていたそうです。ある団体が調査をしたところ、事故の前にラーメンライスや餃子ライスなどを短時間で食べている人が多かった。つまり、炭水化物を一気に食べると血糖値が急上昇し、数時間して一気に下がります。そのときに、人はイライラしやすくなって重大事故を起こしがちになるんです。学校給食の中心であるパンや麺は、血糖値はすぐ上がりますが、下がるのも早い。やはり、米とともに、旬の食材をていねいに調理して食べられるようにすることが必要だと感じたのです」(五十嵐さん)

五十嵐さんは、市長になってから「学校給食のあり方を検討する委員会」を起ち上げました。

「検討委員会で多かった意見は、『センター方式にすると何千食も一気に作るので〝給食〟ではなくミキサーでかきまぜる家畜の〝エサ工場〟のようになる』『鮮度を保つのもむずかしいので、加工・冷凍ものが中心になって、旬のものを食べられない』といった意見でした。結果的に、検討委員会の結論としては、『センター方式があってもいいが、まず自校方式でやっていくのがいいだろう』となった」と言います。政府からの補助制度は、センター方式から自校方式へ切り替える場合は3分の1、自校方式からセンター方式に切り替える場合は2分の1の補塡と、センター方式のほうが優遇されています。しかし、補助金が少なくても、市民の『自校方式が良い』という共通認識が固まれば、市の財政担当も文句は言わないのです。

自校方式に切り替えるにあたっては、地域の農家や、周辺の住民の方々、学校の調理師や栄養士など、いろいろな市民が集まって、ときにはお酒を酌み交わしつつ、なぜ自校方式なのかということを徹底的に議論することもあったそうです。

「やはり農家さんは、お金よりも自分たちが作ったものを子どもに食べさせたいという思いが強いんですね。熱心に協力してくれました。たとえば、『あの野菜は調理しやすかったかな、子どもたちの反応はどうだったかな』といったことを、ずいぶん気にしてくれましたね」（五十嵐さん）

最初は、市内のひとつの幼稚園を自校方式のモデルとして始まりました。これが評判を呼んで広がっていき、いまでは五泉市のすべての小中学校が自校方式給食になっています。

各校に給食アンケートを実施したところ、どの学校でも「給食が美味しくなった」「苦手な食べ物が食べられるようになった」という子どもたちの声や、「地産地消の旬の食材を迅速に給食に取り入れられるのが良い」といった先生方の声などがあったそうです。

また、調理場が窓越しに見える学校では、こんなエピソードもあったと言います。

「専業農家のご家庭は、翌日の出荷作業などで忙しく、家族そろって夕飯を食べることが少ないんですね。でも、そうしたご家庭の小学校5年生の娘さんが、自校方式給食になってから食に興味を持つようになり、『私が夕飯を作るから』と言い出した。娘が作ってくれるなら、ということで、一家そろって食卓を囲むようになったそうです。この学校は、調理師さんに手紙を入れるポストを設置しており、いつも生徒と調理師との交流がありました。これも自校方式給食の効果だと思います」（五十嵐さん）

現在、五泉市の市長を務める田邊正幸さんは、公約の一番目に「食と農業」を掲げ、学校給食をオーガニックにするため、まずは有機米100％を目指して動き始めています。

第十一章

オーガニック給食マップ

オーガニック給食マップを立ち上げる

韓国、フランス、ブラジルなど各国が給食をオーガニックにしているなかで、ようやく日本でも地方から学校給食をオーガニックにしたいとの声があちこちで上がり始めました。先述したようにいすみ市、武蔵野市、新しくは愛知県の東宮町、長野県の松川町なども動き出しています。

各地で保護者の方たちから「私の町でも子どもたちのために学校給食をオーガニックにしたいのですが、どうしたらいいでしょうか」との声を聞くようになりました。それぞれの町でお母さんたちがグループ署名活動をするなど活発に動き出したのです。

ふと、このような動きをネットで誰もが情報共有できるようなサイトを立ち上げたらどうだろうかと考えました。

ちょうどその頃、オーガニック学校給食に関心を寄せていたIT企業代表の諌山聡史さんにお会いしたところ、「大変興味があります。そのようなサイトなら私に作らせていただけませんか」と言ってくれました。世田谷区で学校給食をオーガニックにしようと運動している責任者の福澤郁子さん、「日本の種子（たね）を守る会」の事務局長杉山敦子さん、パルシステム東京の前理事長野々山理恵子さん、作家の島村菜津さん、私の法律事務所の遠藤菜美恵さんなどを含めた7、8人で相談してサイトを立ち上げることにしました。

サイト設立の呼びかけ人には千葉県いすみ市、栃木県小山市などの市町村及びＪＡはくいなどにもなっていただきました。２０２1年8月には諫山さんがみんなと相談しながらボランティアで「オーガニック給食マップ」のサイトを立ち上げました。野々山さんら５人を事務局として、動き出しました。

現在サイトの賛同団体は１９３、賛同個人は４６５人になっています（２０２3年3月時点）。

オーガニック給食マップ

全国各地から学校給食についての活動の情報などが次々に寄せられています。

オーガニック給食マップに全国各地で活動の１２４グループが

オーガニック給食マップの事務局はサイトの運営に追われました。

まず、北海道から沖縄までの各市区町村について、お母さんたちがどのようにして自治体へのオーガニック給食の働きかけをしているかを調べました。そして、全国地図にそれぞれ黄色いピンをさし、簡単な報告を載せたのです。そしてまた少しでも学校給食にオーガニックを導入した市区町村があれば緑色のピンをさし、同じようにその内容を載せていきました。これにより、全国で現在どこでどのような活動がなされているかの情報を、誰もがいつでも無料で共有できるようになったのです。

現在このサイト上の活動報告に掲載されているグループ及び市区町村の数は124に上ります。

いまではサイト上での情報をもとに近隣の市区町村では互いに交流も始まったようです。

このサイトでの活動報告のなかから3例を紹介させていただきます。

① 熊本県「母親たちの署名活動で、給食のパンがすべて国産小麦に」

弁護士の田尻和子さんが代表を務める「くまもとのタネと食を守る会」は、食の安心安全について勉強会をするなかで、外国産小麦を使用している学校給食のパンにグリホサートが残留していることを知ったそうです。グリホサートの人体へのリスクをリーフレットにまとめ、広く伝える活動をしたり、「熊本県の学校給食に国産小麦を使用してください」という要望内容で母親たちを中心に署名活動を広く展開し、1万5000超もの署名を集め、県の教育委員会及び熊本県に提出して意見交換をしました。

その結果、2022年9月から、熊本県学校給食会は、県内の学校給食に使用するパンをすべて国産小麦粉100%でできたものにすることを決定しました。

くまもとのタネと食を守る会の國本聡子さんは、この活動をふり返り「①確実な内容の情報提供」「②伝えやすい形で誰でもできる取り組みにする工夫」「③諦めずに続け、きっと動いてくれると相手を信じる気持ち」の3つが特に重要だと話しています。

②　富山県「メリットを提示して全国へオーガニックの波を」

「娘のアレルギーがきっかけで食に関心を持った」という富山県滑川市在住の主婦、古田貴子さんは、現在「まんま」という団体を起ち上げて、地域から学校給食をオーガニックに変えようと奮闘中です。

古田さんの娘さんは、幼稚園の頃から「添加物が入ったお菓子などを食べるとじんましんが出るようになった」と言います。「添加物のことや農薬のこと、遺伝子組み換えのこと——。いろいろ知っていくうちに、自分の子どもだけ良ければいいわけじゃない、と気付いたんです。だったらもう学校給食を変えるしかない、って」

石川県羽咋市で学校給食に自然栽培のお米を導入することに成功した、自然栽培普及員の遠藤勝敦（えんどうかつのぶ）さんとの出会いがキーとなりました。

「給食をオーガニックに変えるのは簡単ですよ。市議さんに、『給食を変えたい』と伝えたらいいんですよ」

古田さんは、半信半疑ながらも、さっそく顔見知りの市議さんに調べたことを伝えると、「そんな大変なことになっているとは知らなかった。すぐには変わらないと思うけど、さっそく市議会で質問します」と快諾してくれたのです。そして3日後の市議会で質問に立ってくれた市議さん。その甲斐(かい)あって、一日だけでしたが、食育の観点から市内の幼稚園・小中学校のすべてで有機米が使用されました。

「この時点では、一日分の有機米しか確保できなかったようですが、一日でも有機米が提供されたことは、本当に大きな一歩だったと思います」と古田さん。継続して有機米を使用する幼稚園もあるそうです。

「遺伝子組み換えは怖いとか、農薬が危険だとか、どうしてもそういう話ばかりになりがちですが、私の場合、そういうマイナスな話はしないように心がけました。それよりも、誰もが賛成できるように、メリットの部分を話すと、進展しやすいと思います。たとえば、私が住む滑川市はホタルが有名で、昔は山にたくさんゲンジボタルが飛んできて、とてもきれいでした。でも今は、農薬の使用によってホタルが激減してしまった。ですから、農薬の使用を減らすことで環境が改善し、ホタルが戻ってきたら観光スポットとして観光客を呼び込めますよ、とアピールしました。また、人々が健康になることで、医療費も減らせますよ、とか。そういうプラス面ばかりを書き出してお話をすると、市の担当者や市議さんも、話に乗ってきやすいと思います。映画の上映会なども、実情と対策を伝えるのにうってつけです」

③ 兵庫県三田市「学校給食のオーガニック化は市民みんなの願い」

２０２１年の1月、兵庫県三田市で映画『食の安全を守る人々』の上映会と私の講演会を企画してくれた塚口裕子さんに、初めてお会いしました。塚口さんは講演会が終わったあと、壇上に立ち、こう宣言されました。

「私は今日、この場で〝三田の給食を有機にする会〟（のちの「さんだオーガニックアクション」）を起ち上げます。今日、ここに集まってくださった２００人の方々が、それぞれ10人の署名を集めてくだされば、三田市の学校給食を有機にする条例を作るために市長に働きかけることができます。みなさん一緒にやってくださいませんか？」

地方自治法第74条では、住民が有権者の50分の1以上の数の署名を集めると、条例の制定を市長に請求できることになっています。三田市の人口は約10万人なので、50分の1にあたる約２０００人の署名を集めれば効力を持つことになる、というわけです。そのことを私が講演会で話したのを受け、塚口さんがキックオフにあたって呼びかけをされたのです。

塚口さんは、学校給食のオーガニック化を進めるにあたって、勉強会やマルシェ、地域食堂などを通じて市民が有機の大切さや必要性を学ぶ一方で、市長や市議も巻き込んで、「学校給食のオーガニック化は市民みんなの願い」という空気感を作り上げていくことを強く意識されています。

「三田市は、2050年までに二酸化炭素排出ゼロの〝ゼロカーボンシティ〟を目指すという表明をしています。それを目指すなら、まず有機農業に切り替えていくことが、温暖化抑制と持続可能な環境作りにとても有効であることを、まず市議にお伝えします。

そして、次に〝子どもの健康〟という観点から、現在のリスクと解決法を丁寧に説明します。大切なのは、一方的に考えを押し付けるのではなく、私たちもまだまだわからないことが多いので、まず一緒に知ることから始めましょう、と共感を得ることです」

「さんだオーガニックアクション」の活動は、三田市だけにとどまらず、兵庫県全体に広がりつつあります。

「最近始めたのは、兵庫県知事へのアプローチです。県知事が『給食の有機化に力を入れます』と宣言してくれたら、各市も動きやすいですからね」

ひとくちに兵庫県といっても、尼崎市や神戸市などの都市部と、三田市や丹波市といった農家が多いエリアでは事情も異なります。地元に農家が多い丹波市などは、すでに学校給食のオーガニック化に向けて進めているようです。こうした地域では、今後、有機農家が増えていくことが予想されますが、一方で、尼崎市や神戸市などの都市部では、農家も少なく、農家とのつながりもありません。そこで「さんだオーガニックアクション」では、兵庫県内の消費者と農家をつなぐために、「食の未来を考える会@くるくる阪神」や「食の未来を創る会@くるくる兵庫」を起ち上げて、都市部と農村部をつなぐことのできるスキームを作ったそうです。都市部と農村部でつながりを持っておけば、食材の流通もスムーズにいくからです。

全国4000人をつないでのオーガニック給食フォーラムを開催

162ページで少し触れましたが、2022年の秋頃、コロナも小康状態となってきたので、オーガニック給食マップの事務局は全国のオーガニック給食に取り組んでいる仲間のみなさんで一堂に集まり、韓国からオーガニック給食に詳しい人を招いて「韓国がどのようにして学校給食を無償有機食材にすることができたのか」を聞く勉強会を開いたらどうかと話し合いました。日本全国各地でオーガニック給食に向けて活動を始めているグループとの意見交換会もしたいので、全国規模の集会を開くことにしたのです。

東京都内で大きい会場を探し、1200人収容できる「なかのZERO」の大ホールが10月26日に空いていたので、すぐに予約をしました。

集会を開くための話し合いのなかで、オーガニック給食に取り組む市区町村の首長さんを招いたらどうだろうか、いっそのこと千葉県いすみ市の太田洋市長にフォーラム実行委員長を引き受けていただけないか、と話がふくらんでいきました。

事務局のメンバーと一緒に私も千葉県いすみ市に行き、太田市長にお願いにうかがうと、快く引き受けてくださいました。

しかし、ここからが大変でした。1200人入るホールを満席にして、なおかつオンラインで3000人をつないでの大きな会として企画したのです。ぜひとも成功させて、日本のオーガニック給食化の起爆剤としての役割を果たしたい。

私たちはすぐに動き出しました。

オーガニック給食を実現したいと考える保護者たち、ボランティアの方たちが次々に集まって実行委員会を結成し、徐々にですが、ものすごいパワーになっていきました。

チラシを作成すると、全国から注文が殺到し増刷に次ぐ増刷で、最終的には20万枚が配布されました。北海道から沖縄まで165人を結んでの拡大実行委員会も何度も開かれました。オンラインの参加者のためにサテライト会場を開いたらどうだろうとの意見も出され、すぐに実行することになりました。

また、栃木県の市貝町の入野正明町長から「当日は予定が入っているので、東京までいけないが、役場にサテライト会場を開いて職員たちと参加したい」と連絡がありました。その後すぐにまた町長から連絡があり、「住民も役場でのオンラインで参加したいと言っているが、どうだろうか」とサテライトは大人気でした。

最終的にはサテライト会場だけで62か所できました。「日本の種子（たね）を守る会」の杉山さんもNPO法人「メダカのがっこう」理事長の中村陽子さんも、昼夜を問わず懸命に対応に当たってくれました。

私も事務局の遠藤さんと、みなさんから寄せられたオーガニック給食に関心を持っている市区町村の首長さんたちに連絡すると、思いがけず「参加します」との嬉しい返事が次々に来るのです。当日の打ち合わせ、職員も含めて何名来られるかなど変更もあったりして連絡に追われた遠藤さんも、フォーラム3日前にダウン。すぐに体調は戻りましたが、実行委員のみなさんは本当に大変でした。

この際、フォーラム当日に配布する資料集「広がるオーガニック給食」も編纂（へんさん）することになり、事務局の中村さんがスタッフと一緒に担当しました。参加市区町村の首長さんの写真付きコメントをもらうなど、大変な作業にあたってくれました。

中村さんもフォーラム終了後3日目に、とうとう寝込んでしまったのですが、とにかく彼女たちの尽力なしには決して成し得なかったと感じています。

こうして10月26日を迎えました。

全国から市区町村長が集まって学校給食をオーガニックに

当日、どれだけの人が会場に集まってくれるか心配していましたが、中野駅について南口を出ると人の列がざわざわと「なかのＺＥＲＯ」に向けて歩き出しています。これは凄(すご)い。会場では奥山博子さんたち50人ものボランティアのみなさんが、受付から席へと次々に案内しています。北海道から沖縄まで私の知り合いの人たちも続々と集まって、ほどなく１２００人収容のホールが２階席までほぼ満席になりました。オンラインでの参加者も全国62か所のサテライト会場から約３０００人が参加したのです。

開催時刻の午後２時には市区町の首長さんたち30人ほどが壇上に勢ぞろいして開会となりました。フォーラム実行委員長である太田洋市長と、それぞれの首長さんたちが一言ずつ述べて、来賓として農水大臣政務官藤木眞也議員と立憲民主党の川田龍平議員が祝辞を述べました。

ほかにも自民党から農政議連事務局長山田俊男、青木一彦議員、立憲民主党から太栄志(ふとりひでし)、山田勝彦議員、れいわからたがや亮議員、維新から池畑浩太朗議員、社民党の福島みずほ議員と、10名ほどの国会議員が参加してくれました。

当日首長さんが参加くださった市区町は以下の通りです。

剣淵町、石巻市、常陸大宮市、つくば市、小山市、市貝町、塩谷町、みなかみ町、秩父市、いすみ市、木更津市、中野区、杉並区、三鷹市、鎌倉市、北杜市、松川町、東郷町、亀岡市、泉佐野市、豊岡市、紀ノ川市、出雲市、吉賀町、四万十市、上峰町、みやき町、諫早市、南島原市、山都町、臼杵市、綾町、高鍋町、木城町、南種子町、安平町、つくば市、武蔵野市、多摩市、五泉市、泉大津市、猪名川町、豊見城市、笠岡市、与謝野町、佐伯市

祝辞のあとは農水省農産局農業環境対策課の佐藤夏人課長が「みどりの食料システム戦略」成立によって2050年までに日本の農地の25％を有機栽培に変えていくこと、オーガニックビレッジ事業に参加していただければ学校給食への助成がなされることを説明されました。文科省はこれまで学校給食については食中毒を起こさないことにしか関心がなかったのですが、今回初めて学校給食をオーガニックにすることについて文科省初等中等教育局健康教育・食育課学校給食・食育推進係長の青山恵津子さんが明言し、わずかですが予算措置を行ったことも明らかにしました。

第1部はオーガニック給食の世界の流れをテーマに、フランスと韓国の取り組みが紹介されました。

フランスからは前田レジーヌさんが、フランスでは化学肥料や農薬の大量使用への反省

から2001年にフランス有機農業開発・促進機構が新設され、2018年にはエガリム法（「農業・食品業の均等な取引及び健康で持続可能な食生活の推進に関する法律」）が成立したことを紹介。さらに学校給食に関しては高品質で有機（もしくはそれに類するもの）の食材を2022年1月1日までに少なくとも50％にすることが義務付けられたことなどを説明しました。

続いて韓国からはキョンヒ大学兼任教授のカン・ネヨンさんが、市民運動によって実現した「親環境無償給食」について163ページにあるように説明されました。

第2部では「日本でも広がるオーガニック給食」をテーマに、宮崎県綾町、愛媛県今治市、千葉県木更津市、新潟県佐渡市の取り組みがビデオレターで紹介されました。

木更津市は人口13万5000人で2016年度に「人と自然が調和した持続可能なまちづくりの推進に関する条例」（通称オーガニックなまちづくり条例）と「木更津産米を食べよう条例」を制定して市内の公立小中学校全校（全30校）の学校給食を有機栽培の米にすることに取り組み、2019年度からスタートして2025〜2026年頃には全量有機米に切り替えることができる見通しが立ってきたと報告。

そして「オーガニック給食奮闘記」のタイトルのもとに、島村菜津さんの司会で秋山豊

ＪＡ常陸組合長（組合員だけで5万人）、いすみ市役所の鮫田晋主査、栄養士の杉本悦子学校給食地産地消食育コーディネーターにそれぞれ話していただきました。

ことに秋山組合長は、子会社のアグリサポートが常陸大宮市の学校給食に有機の野菜を２０２２年７月から提供していることや、有機栽培にＪＡとして取り組んだいきさつについて次のように語り、関心を呼びました。

「生家が養蚕農家で、絹織物の自由化の前までは繭が１キロ３４００円だったのが、20年ぐらいかけて１４０円まで下落し、とうとううちが最後の１軒になりました。ＴＰＰ協定で農産物の関税を20年かけてゼロにしていくことになったら、日本の農業は養蚕業のように〝安楽死〟してしまいます。日本の農民が生き残るには、真剣に考えなければなりません。常陸大宮市長がオーガニック給食を公約に掲げて当選したことから、オーガニック農業に関心を持ち市と連携しながら取り組みました。これからＪＡが生き残るにも付加価値を高めたオーガニックの農業に切り替えていくことしかないのです」

鮫田さんは慣行農家と有機農家の対立軸を作らず、自然と共生する町作りという取り組みで慣行農家が徐々に有機農家になっていくお手伝いをすることができること、また全国の水田の２％を有機栽培にすれば、どこの学校でも１００％有機米給食が可能になるという試算を発表しました。

杉本さんは地域の本物の食材を学校給食に提供してきた実績から、韓国がセンター委託方式から自校方式に切り替えたように、子どもたちが調理師さんと触れ合うような環境がこれからの食育には大切であること、また、子どもたちも学校給食の献立作りなどに関与すると給食の食べ残しがなくなったことなどを話しました。

第3部では東京大学大学院の鈴木宣弘教授が、日本の学校給食は戦後アメリカの戦略によって日本の農業を潰すためになされてきたこと、全国の小中学校の給食を無償にしても国の負担は5000億円にしかならないことを説明されました。F35戦闘機を147機購入するのに機体や維持費を含めて約6兆6000億円使う計画でおり、そんな金があればまず学校給食を無償にしなければならないと力説をされました。

アジア太平洋資料センターの内田聖子さんは、環境の問題から学校給食は有機食材にすべきだと話しました。

その後、全国各地でオーガニック給食実現のために活動する3人の母親たちが起草した「オーガニック給食宣言」が読み上げられ、承認されました。起草者は古田貴子さん（富山県の自然栽培給食プロジェクト団体まんま）、亀倉弘美さん（大磯ハッピースクールランチプログラム）、後藤咲子さん（食べもの変えたいママプロジェクトみやぎ）の3人です。

最後に半農半歌手のＹａｅさんが、私の大好きな「アメイジンググレイス」を歌い上げ、感慨深いしめくくりとなりました。

日本でも、オーガニック学校給食の実現に向け、保護者たち（消費者）・農業者（ＪＡなど）・行政がひとつにつながる機会となった画期的なこのフォーラムは、午後6時半に無事終わりました。

当日、フォーラムの資料集として「広がるオーガニック給食」の冊子を会場参加者に配布しましたが、購入希望も多く1部５００円で販売したところ３０００部がすぐになくなり、増補版の印刷を終えて販売を始めました。

また、４時間に及ぶフォーラムでしたが、ＪＡグループからの要望もあって52分に縮めたダイジェスト版ＤＶＤも２０２３年5月から１０００円で販売できるようになりました。

第十二章

私たちの手に食料主権を取り戻すために

対談　山田正彦×関根佳恵（愛知学院大学経済学部教授）

山田　本書では、いかに多国籍アグリビジネスの手に世界の〝食〟が握られていて、それが私たちの健康や環境にも悪影響を及ぼしているか、について詳述してきました。

本来、政府には、国民に安全な〝食〟を提供する義務があります。これは、日本国憲法第25条（生存権）において、〈健康で文化的な最低限度の生活〉を保障すると定められているからです。しかし、現状はそうなっていない。多国籍アグリビジネスに、私たちの〝食の権利〟を奪われてしまっているからです。この〝食の権利〟を私たちの手に取り戻すためには、どうしたらいいか。これについて、ぜひ関根先生とお話ししたいと思っています。

関根　はい、ぜひよろしくお願いします。

戦後から続くアメリカの食糧戦略

山田　まず、私が40年ほど前にアメリカに行ったときのお話を聞いていただきたいのです。クルマで走っていると、道に大きな看板が立っていたんですね。そこになんと書かれていたかというと、「種子を制するものは食糧を制する。食糧を制するものは世界を支配する」と。そう書かれていたんです。私はそのとき、確かにそうだと思いましてね。それ以来、その言葉が頭から離れなかったんです。

関根　そうでしたか。40年ほど前のアメリカでそのように表現されていたのですね。

山田　ええ。当時アメリカは、食糧は自分の国で自給できればいいというスタンスで、過剰に作り過ぎないように制限していました。

しかし、ポール農務長官の時にそれまで抑制していたトウモロコシや大豆などの農産物に対し、補助金を付けて大増産し始めたのです。そして、さらに輸出に対しても補助金を付けて、奨励し始めました。このときアメリカは、「食糧はミサイルと同じである」と、はっきり言っています。つまり、日本や東南アジアの国々の食糧をアメリカに頼らせ、依存させるという戦略です。そうすればミサイルなんて必要ありません。なぜかというと、アメリカの言うことをきかない国には、食糧の輸出を止めればいいだけですからね。これについては、アメリカの公文書にもちゃんと書かれています。こうした戦略を練ったのは、穀物メジャーのカーギルなど多国籍企業なのです。多国籍化学企業の中には、戦時中に爆薬と毒ガスを作っていた企業もあるわけですが、爆薬のチッ素が化学肥料になり、毒ガスが農薬になり、戦後、大もうけをしました。いまや、世界の化学肥料や農薬の7割を牛耳っていますし、タネの会社までどんどん買収しているわけです。こうした現実を、まず多くの日本人に知っていただきたいと思っているんです。

関根　そうですね。まさに、「食糧は武器と同じである」ということを、アメリカは実践してきたわけですね。これは、いつも山田先生がおっしゃっていることでもありますが、遡ること終戦直後の学校給食においても、アメリカはパンと脱脂粉乳をもとにしたミルクを普及させることで、日本の食生活を変えてきました。

山田　おっしゃる通りです。アメリカは戦後すぐから、食糧戦略を立てていたわけです。私は戦時中に生まれたのですが、子どもの頃、農薬も化学肥料もまったくありませんでした。私が親の手伝いをした最初の記憶は、朝起きると家で飼っていた牛に米のとぎ汁を飲ませることでした。家には、鶏もいたし、豚もいたし、味噌や醬油は母が作っていました。たった70年前は、どこもそういう生活だったのです。

そこにアメリカの進駐軍は「米を食べると頭が悪くなる。だからパンだ」と普及運動を始めました。当時、学校給食で脱脂粉乳をお湯で溶かしたものが出るようになって、アメリカからの援助だと言われていましたが、あとから調べてみたら、日本はちゃんとお金を払っていた。アメリカの戦略だったわけですね。子どもの頃からパンやパスタを食べさせておけば、アメリカの食糧を頼るようになる。実際、いまそのようになってしまっています。

アメリカに屈しなかった韓国の学校給食

山田　韓国に学校給食を見に行って驚いたのですが、「主食は米です。パンやパスタは学校給食に出していません」と。
　日本の学校給食は最近ではセンター方式が多くなったので、大きなコンクリートミキサーのようなもので、ぐるぐる回しながら調理している。まるでエサ工場です。使用される食材は、大手企業の冷凍食品が多い。だから子どもたちは、味噌汁とか煮物とか、酢のものといった、本来の和食に見向きもしなくなった。そういう意味で、学校給食が日本の食生活を変え農業をダメにしたと思うんです。

関根　日本の学校給食は、主食の米をどんどんパンやパスタにしてしまった。そこにアメリカの戦略があったわけですが、同じようにアメリカの影響を受けている韓国は、同じ道をたどっていない。だから、私たちがもっと抵抗すべきだと思います。

山田　その通りです。韓国が学校給食を有機にしたきっかけは、2007年に締結させられた米韓自由貿易協定（以下、米韓FTA）です。それまで韓国は、学校給食を地産地消にしていた。しかし、それではアメリカの農産物が使用できない。協定の中のISDS条項に抵触しかねないということで地産地消の条例は廃止されたのですね。韓国内でも、オーガニックにしよう、と。いろいろな事情はあったようですが、地産地消でなくてもオーガニックであればアメリカからの食材も開かれているので裁判される怖れはないのです。韓国を訪れたときに食料政策を担当する省の役人に、韓国では学校給食をオーガニックにするような新たな法律でも作ったのかとお聞きしたらそうではありませんでした。各市町村が学校給食の条例を制定して制度化したそうです。韓国も、学校教育は義務として無償で提供されています。学校給食も教育の一環であるから、給食も無償にしたそうなんですね。これを聞いて、韓国はすごいなと思いました。

関根　そうですね。私も、世界のさまざまな有機給食の取り組みを調べているのですが、韓国についても文献で調べたことがあります。ＷＴＯのルールでも「公正な」国際貿易を推進するためには地元産を優遇できないのです。

ブラジルでも２０１０年に同じことがありました。ブラジルは、学校給食に使用する食材について、地元の小規模・家族農家が生産したものを全体の3割以上調達しなければならない、かつオーガニック（アグロエコロジー）を優先するという法律を制定しました。そうしたら、多国籍アグリビジネスが「ルール違反だ」とＷＴＯに提訴して、ブラジルが制裁金を科されるという出来事がありました。当時のルーラ大統領は、すぐにＷＴＯの本部があるジュネーブまで行って、「公共調達は〝食料への権利〟を保障するのだから当然だ」といった弁明をしたところ、２０１１年にはＷＴＯが制裁を撤回して、ブラジルに謝罪することになりました。韓国のソウルで学校給食の有機化（親環境農産物化）と無償化の条例が制定されたのが２０１２年ですから、ＷＴＯが提訴を撤回した流れで実行しやすくなったこともあるのでしょう。

山田　まさに〝食料への権利〟ということですね。多国籍アグリビジネスから、食料を我々の手に取り戻す闘いでもあるわけです。

それと関連して、〝食料主権〟という主張を「種子法廃止違憲確認訴訟」で争っています。憲法25条の生存権で、健康で文化的な最低限度の生活を営む権利が保障されている。憲法9条の平和への権利と同じように。国は国民に対して、持続的に安全な食料を提供する義務がある。これが〝食料主権〟を得ることであり、〝食料への権利〟の実現にもつながります。

主食を生産する農家を守らないのは日本だけ

山田　日本には農家の所得を保障するシステムがない。これが問題です。本来、米の価格は60キロあたり1万5千円を切ったら赤字です。しかし2022年には、60キロあたり1万円を切ってしまいました。栃木県なんて6000円です。米の消費が減って生産者にも減反を強いてきたのですが、それでもこのような状況です。それでいて、ミニマム・アクセスといって、政府は国家貿易で毎年77万トンの米を輸入しています。このミニマム・アクセスは「輸入の機会」なのです。最近、このことは国会でも明らかにされましたが、輸入の義務はないのに輸入を続けているのです。しかもアメリカからの輸入価格は60キロ1万7000円です。こんなバカなことがなされているのです。一方で、ウクライナ戦争によって肥料価格は前年比90％増になっています。これが続くと、肥料も農薬も購入できなくなりますし、ＪＡの組合長さんたちも「これからどっと農業をやめる人が増える」と心配しています。

有機農法に変えるとしても、土を育てて収量を安定させるまでには3年はかかります。ウクライナ戦争の状況は悪化する一方で、いま世界21か国が食糧の輸出を止めています。すでにお話ししているように、日本で流通している野菜のタネの9割が一代限りのＦ１種で、世界からの輸入に頼っている状況です。この戦争が、あと1年長引いたらどうなるか。考えたらぞっとします。

こういう状況下で、アメリカやＥＵはどうしているかというと、米の生産原価が60キロあたり1万2千円だとすると、麦や大豆も含め主要農産物に関する生産原価は、毎年政府が税金から保障しています。これに加えて、各品目別に農家は収入保険に入っているので5年間平均の8割の収入は補塡されます。ですから安心して持続的に食糧生産ができるのです。日本でも同じことをするためには、私が農林水産大臣の頃に行った農家への直接支払いの戸別所得補償を早くやるべきなのですが、ことここに及んでもそういう話になっていません。

関根　確かに、アメリカにもヨーロッパにも、さまざまな価格・所得補償制度があります。加えて、フランスは、2018年にエガリム法1という有機給食を実現する法律を制定しました。

さらに、2022年からエガリム法2が施行されました。この法律には、農家の所得を安定させるための制度が入っています。たとえば、農家とスーパーや加工業者などが契約取引する場合、生産コストの上昇を反映するための価格の自動改定を定めています。現在、日本では、大手スーパーが農家に対して「納入価格をこれくらいに抑えて下さい」と言うと、その価格を超える経費がかかっていたとしても、生産者はその価格で販売せざるを得ないという力関係にあります。取引を停止されたくないですからね。そうすると、今回のように肥料や光熱費まで高騰すると農家は生産を続けられなくなる。そうならないように、生産者が持続的に生産できる価格を実現できるようにしたのです。基本的に5年契約で、5年の間に肥料代等が値上がりした場合には、取引価格を見直すことが定められています。そのほか、アメリカやヨーロッパでは、コロナ禍の影響を緩和するために政府が農産物を買い取って、低所得者に供給しています。

山田　タネに関しても、第五章で詳述した通り多くの問題を抱えています。

関根 そこにウクライナ戦争が起きてしまって、さらに危機は深まってしまっています。

山田 そうです。ウクライナ戦争によって、すでに海外からタネが入りにくくなり、一時期はタネの価格が高騰していました。タネがなくなれば、日本では作物を作ることができません。そのうえ、昨今のように資材やエネルギー価格が高騰すると、農家の負担が大きくなり、どんどん経営難に陥ってしまう。

関根 しかも販売価格に転嫁しにくいため、赤字になって借金が返せなくなり、負債を苦に自死してしまう農家さんも出てきています。政府の政策に従って規模を拡大したものの、過疎化が進んで学校や病院が閉鎖され、子育て世代の若者がいなくなり、後継者難で廃業する農家も増えていますね。

山田 昨年度は前年度に比べて農林漁業者の自殺者が395人（前年比32・5％）に増えています。私は若い頃、故郷の長崎県五島市で牧場を開いて牛や豚も飼い、散々失敗したんだけど、そのときものすごく借金をしましてね。私は幸い、弁護士資格を持っていたから、それで働いて返済することができたが、知り合いで当時同様に大型畜産をやっていた仲間たちは、ふたりも自死しました。政府は戦後、日本の農政の大型化、つまりアメリカ型を推進してきましたが、これはまちがいだった。私は、このときの悔しさがあったので衆議院議員になったのです。農水大臣になったときは、農家の戸別所得補償を導入したのですが、その1年後には右肩下がりだった農家の所得が17％上がった。若い人も、どんどん参入しました。ですから、農家が高齢化しているからアメリカから食糧を買うしかない、というのはウソなんです。しっかり所得を欧米諸国並みに保障すれば、若い人は参入します。

ＳＤＧｓ成功のカギも握る学校給食の有機化

関根　その通りですね。タネや化学肥料、農薬、土地や水、エネルギー資源まですべて多国籍企業が握っている状態から脱しなければいけません。食料の部分で言うと、生産・加工・流通・販売・貿易のために必要な手段、さらにはそのルール作りなども多国籍企業が大きな決定権を握っています。最近は、どんどん情報化が進んできていて、ＩＴやＡＩ、ドローンなどを駆使して、衛星でトラクターを動かすというところまで進んでいます。その情報も多国籍企業が商品化しています。

山田　つまり、知的財産権をすべて握ってしまっているんですね。ここが大きな問題です。

関根　一方で、世界的に大きな問題となっているのが貧困・飢餓の問題です。これだけ食料が足りないと言われながらも、食料の3分の1が廃棄されている。世界の人口を養うのに必要な穀物の量の2倍も生産されているのに、10人にひとりが飢えている状況です。20世紀の間に農地は2倍になり、食料生産は6倍になったのですが、１９５０年代から石油に頼る農業になってしまい、食料生産に使われるエネルギー消費量は85倍にも膨らんでいます。

そこで、地球温暖化の問題が叫ばれるようになり、根本的な転換を図ろうということで取り組みが始まったのがSDGsなのです。

山田 温室効果ガスの総排出量のうち、農業や林業などによる温室効果ガスの排出量は約24％に相当するそうですね。

関根 そうです。ですから、この農業の部分をまず変えないといけない。そのための取り組みのひとつが、各国で進んでいる学校給食のオーガニック化です。つまり、学校給食に使用する食材は公共調達されますから、まずこの部分を、温室効果ガスを土壌のなかに貯留して抑制できる有機農業で作られた食材に変えようということです。これは小さな変化だと思われるかもしれませんが、世界では学校給食だけでなく、病院や介護施設、公共団体の食堂、刑務所など、さまざまな公共の場所で使用する食材を有機農産物に変え始めています。そのほうが実行性があるからです。多国籍企業に、いくら「行動を変えてください」と言っても、なかなかむずかしい。実際に、これまで市民社会は何度も要望してきましたが、なかなか変わりません。公共調達の場合は、私たち一人一人が一票を持っているので、住民が投票行動で意思を示せば政治家を代えることができるし、政権を代えることもでき、ひいては政策を変えることができますよね。

それに、山田先生がいつもおっしゃっているように、子どもの頃に食べた味って、忘れませんよね。生涯食べ続けます。学校で食べたオーガニックの食材が美味しければ、自分でも購入するようになる。子どもが家庭に帰ってから、「学校でこういうものを食べて美味しかった」と話したことがきっかけで、親がオーガニック食材を購入するようになったという話も耳にします。

〝食料主権〟を報じない日本のマスコミ

関根　政策を変えれば早く変化が出てきます。しかし、農水省の官僚の方たちは、そういう発想のできる方がまだ多くないように感じます。

山田　農水省の官僚のなかにも考えている連中はいるのですが、いま省庁の課長以上は官邸が人事権を握ってしまいましたからね。なにか発言すると飛ばされるから言えないんです。おそらく、多国籍アグリビジネスの関係者が、農水省や他の省庁の中にも参事という形で入り込んでいるのではないでしょうか。そうやって監視しているんです。

関根　なるほど。そういうお話をうかがうとつじつまが合います。たとえば、さっきお話しした〝食料主権〟という言葉は、国連でもＥＵでも、ごく当たり前に使いますし、フランスでもとても重要視されている概念なのですが（2022年にフランスの農業省は「農業・食料主権省」に改名）、日本ではまったく使われない。政策文書などにも出てこないんです。最近、農水省の官僚の方とお話をする機会があって、理由をうかがったら「食料主権という言葉自体、口に出せない」とおっしゃるんですね。

ですから、世界では当たり前に使われている〝食料主権〟という概念があること自体、ほとんど日本では知られていません。

山田　そうですね。先ほどお話ししたように、「種子法廃止違憲確認訴訟」も、この食料主権を巡って争っているのですが、メディアがまったく報じてくれません。

関根　それが本当に問題ですよね。日本の報道の自由度は世界で71位（2022年）と低い。一見、とても情報があふれているように思えますが、日本国内の情報は極めて偏っています。

先日、農業専門紙の方とお話をしたのですが、「広告料を出してくれるのは農薬会社なので、農薬のことは悪く書けない」とおっしゃっていました。私自身も、テレビやラジオ、新聞などでインタビューを受けたり、寄稿したりする機会がありますが、自由に話したり書いたりできないことがあります。例えば、2018年の国連総会で農民と農村で働く人々の権利に関する国連宣言（農民の権利宣言）の採択のときに日本政府が棄権したことを書いたら、政府の方針に批判的と判断されたのか、削除されてしまいました。

山田　私が映画制作をしようと思ったのも、テレビや新聞が農薬などの危険性を報じてくれないことがきっかけでしたからね。アメリカの訴訟で、ラウンドアップは発がん性があるとして原告が勝訴したのに、日本ではほとんど報じられませんでした。

そして、もうひとつ報じられていないのは、発達障害の子どもの増加です。これに関しては、農薬や添加物など食にも大きな原因があると考えていますが、まったく報じられていません。

関根　日本はアメリカの後追いをして見習っているようでありながら、実はアメリカが行っている低所得者への再配分であったり、農家の所得保障であったり、小規模農家への支援であったり、そういった政策の実態は正しく認識しようとしていません。アメリカの農務省は、1980年代から農業の大規模化は良くない、小規模農業をもっと支援する必要があると言っています。日本の農水省は、そういう情報をまったく知らないようです。また、2020年7月には、ジュネーブの国連人権理事会で食料への権利の特別報告者が、WTOの農業協定を段階的に廃止しなければいけないと提言しています。そういったことも日本ではまったく報じられていません。

報道の自由度が低いことに加え、日本ではジェンダーギャップも大きい。食に関心が高い女性は、「非科学的だ」というレッテル貼りがされることもあります。米国のゼン・ハニーカットさんも、相当レッテル貼りをされたそうですね。科学者でもないのに、ヒステリックなだけだとか。

山田　そうですね。でも、ゼンさんたちはそこで諦めませんでした。

関根　はい。ゼンさんたちは、〝非科学的〟と揚げ足をとられないために、しっかりとした根拠のある科学論文から学び、それを根拠にしてグリホサートの危険性を周知させる運動も展開されましたね。エビデンスのある論文があれば、それを活用するのは大いに良いことなのですが、しかしエビデンス、つまり根拠のある論文が世に出るまで待っていたら手遅れになることもあります。エビデンスが十分でなくても、実体験として被害が出ているという事例が多く挙がっているのであれば、〝予防原則〟の立場に立って、なんらかの規制をすべきです。そもそも〝科学的根拠〟という考え方自体が、多国籍アグリビジネスを利する考え方であって、新自由主義に基づくものという批判もあります。ＥＵは、科学的根拠の重要性を主張する米国に対抗して、予防原則の重要性を訴えてきました。

声を上げることで消費者庁の対応を変えた

山田　そうです。日本でもこんなことがありました。２０２２年3月に消費者庁が「無添加」や「化学調味料不使用」などという商品表示をできなくすると言い出した。かつおのエキスだけで作っていて添加物を使っていない商品であっても「無添加」と表示できないなんて、こんなおかしなことがあるでしょうか。これには、化学調味料を製造しているメーカーからの強い要望もあったようです。しかも、たんに消費者庁内部の指針だけで決定したのです。その理由はというと、添加物や化学調味料が体に悪いという〝誤解〟を消費者に与えかねないからというのです。かつお節を煮だして作ったアミノ酸も、化学調味料も同じアミノ酸なのに「無添加」という表示をすると、いかにも化学調味料のアミノ酸のほうが体に悪いもののように〝誤認〟されるというのです。

関根　この規制はおかしいですよね。食品添加物のなかには、人体への悪影響が報告されているものもありますから。

山田　そうです。これはおかしいだろう、ということで、無添加食品などを製造・販売してきたいくつものメーカーや小売店が立ち上がり、私たち弁護士も一緒に消費者庁と話し合いの場を何度も持ちました。また、川田龍平議員に国会でも質問してもらい、がんがん追及しました。

こうしたこともあり、各地でたくさんの人が声を上げてくれたこともあって、ようやく消費者庁は、「食品添加物不使用の表示を禁止しているわけではありません」というポスターを作らざるを得ない状況にまで追い込まれたのです。半分は押し戻すことができたわけですね。こうやって、みんなが行動を起こせば現状は変えられるのです。

関根　それは素晴らしいですね。やはり、あちこちで声を上げるということは大きな力になります。

地方自治を変えることで未来を守る

山田　いまの政府は、私たちの命や健康を守ってはくれない。私たちが守らねば、子どもの健康は守れません。では、どうやって守るか。

本書でもお話ししてきたように、一人一人ができることをする。そのひとつに、条例作りがあります。2000年に行われた地方自治法の改正で、国と地方の関係が対等であることが明確化されました。それまでは、国が地方自治体を指揮監督者として命令できましたが、それは一切禁止されたのです。つまり、法律に反しない限り、どんな条例もどんな政治も地方はできる。法律に違反しているか否かという判断は、第一義的には地方自治体の議会で判断されます。とはいえ、違反していると思えば、国が地方自治体を訴えねばなりません。たとえば、ふるさと納税で、総務省は泉佐野市が「制度の趣旨に反する方法で寄付金を募集した」として、ふるさと納税制度から除外し、泉佐野市を訴えました。しかし、最高裁で国は負けたのです。つまり、国と自治体は同格で、泉佐野市に対する通知はたんなる助言にすぎません。ですから、国が理不尽なことをしても、私たちが主権者として動きさえすれば、食の安全を守るための条例を作ることができます。実際に、種子法廃止に代わる条例が、北海道から沖縄まで33の全国の道県で作られています。

関根　まさに、学校給食をオーガニック化するのは地方自治の入り口として適しています。学校給食は、もともと自治の鑑（かがみ）と言われてきました。

そのためには、日本の食の在り方について、正しい現状認識を行い、みんなが共有する必要がありますね。やはり、「国産・地元産＝安全・安心」と思っている方が圧倒的に多いので、その前提を問い直すことから始める必要があると思います。山田先生も再三おっしゃっているように、これほど疾患を抱える人が増えているのは、なぜか。そういう危機意識を共有しなくてはなりません。そのためにも、山田先生のこのご著書が役に立つのではないでしょうか。

そのうえで、デトックスをするためにオーガニックを選ぶ、という考えを超えて、環境や気候変動のこと、生物多様性のこと、そして農家の所得の問題など、幅広い観点から食の在り方を考える目を持つことが大切だと感じます。

山田　私たちが現状を知り、そして動くことで、必ず子どもの未来、そして地球の未来は守っていける。そう、手応えを感じています。関根先生、これからも未来を守るために一緒に行動していきましょう。

あとがき

本書を書いている間に、様々な出来事がありましたが、私の頭から離れないのは、ともにTPP協定の閣僚会議に出かけては反対を続けた、ワラックさんの言葉です。「グローバル企業のロビースト100人くらいは、東京で日夜、政官財界を回っていますよ」。

折から旧統一教会の報道がなされましたが、日本の食の安全と種を壊し、深い闇に包まれている張本人は、旧統一協会よりもはるかに巨大な力を持っているのではないだろうかと考えるようになりました。

しかし、私たちの諦めずにあげ続ける声は、まさにその巨大な力と対峙しているのです。世界の潮流はそうなりましたし、私は日本でもその一角を突き崩している手応えを感じます。

全国オーガニック給食フォーラムは、これからも続けていきたいと思いますが、この勢いでいけば、5年後には全国6割の小中学校の給食が無償かつオーガニックになると私は確信しています。みなさん一緒に行動していきましょう。

本書を書き上げるにあたり、話を聞かせていただいた数々の専門家・活動家のみなさん、編集者の河出書房新社の矢島緑さん、手伝っていただいたライターの和田秀子さん、秘書の遠藤菜美恵さんに深く感謝いたします。

また、本書を読んで以下の活動に関心を持たれた方は、ぜひご参照、ご参加ください。

●オーガニック給食マップ〈OKマップ〉は「学校給食をオーガニックに変える日本各地の活動や世界の動きなどの最新情報を伝えることで、学校給食をオーガニック食材に変えたい、より良い給食を子どもたちに食べてもらいたいという活動を応援する」ウェブサイトです。ぜひ皆さまの活動情報をお寄せください。
https://organic-lunch-map.studio.site/
お問い合せ：オーガニック給食マップ事務局　メール organic.lunch.map@gmail.com

●映画『タネは誰のもの』『食の安全を守る人々』の自主上映をしていただけます。『タネは誰のもの』はＤＶＤも販売中です。

詳細は公式HPまたは、山田正彦が代表理事を務める一般社団法人心土不二までお問い合せください。
https://kiroku-bito.com/tanedare/
https://kiroku-bito.com/shoku-anzen/
一般社団法人心土不二
TEL ０３−５２１１−６８８０　FAX ０３−５２１１−６８８６
メール shindofuji.2020@gmail.com

●山田正彦が共同代表を務める「種子法廃止等に関する違憲確認訴訟」では、会員募集をしております。２０１９年５月24日、東京地裁に原告１３１５名、弁護団１４０名で第一次訴訟を提起し、23年３月24日判決言い渡しがあり敗訴、４月６日に控訴しました。

申込書送り先／お問い合せ
〒１０２−００９３　東京都千代田区平河町２−３−10
ライオンズマンション平河町２１６
山田正彦法律事務所内　ＴＰＰ交渉差止・違憲訴訟の会

TEL 03-5211-6880　FAX 03-5211-6886

※申込書をお送りすることもできます。お気軽にお問い合せください。

●日本の種子（たね）を守る会では、各都道府県での種子条例制定を目指しています。申し込み方法の詳細はウェブサイトをご参照ください。

https://www.taneomamorukai.com/

〒170-0013　東京都豊島区東池袋1-44-3　ISPタマビル7F

日本社会連帯機構気付　日本の種子（たね）を守る会

FAX 03-6697-9519　メール tane.mamorukai@gmail.com

二〇二三年九月　山田正彦

主要参考文献

木村－黒田純子『地球を脅かす化学物質　発達障害やアレルギー急増の原因』海鳴社、二〇一八
奥野修司『本当は危ない国産食品　「食」が「病」を引き起こす』新潮新書、二〇二〇
天笠啓祐『グリホサート　身近な除草剤にひそむ危険』日本消費者連盟、二〇二〇
原英二『知ってほしい　食品添加物のこと』日本消費者連盟、二〇二〇
天笠啓祐『新しい遺伝子組み換え　ゲノム編集食品の真実』日本消費者連盟、二〇二一
関根佳恵『13歳からの食と農　家族農業が世界を変える』かもがわ出版、二〇二〇
関根佳恵『家族農業が世界を変える　2．環境・エネルギー問題を解決する』かもがわ出版、二〇二一
安井孝『地産地消と学校給食　有機農業と食育のまちづくり』コモンズ、二〇一〇
日本の種子（たね）を守る会『タネを守ろう！　そうだったのか　種子法廃止・種苗法改定』二〇二一
「メダカのがっこう」第68号、二〇一八
「広がるオーガニック給食　全国オーガニック給食フォーラム資料集」二〇二一
その他、一般社団法人農民連食品分析センター、一般社団法人アクト・ビヨンド・トラスト、日本消費者連盟、農林水産省、文部科学省、消費者庁のウェブサイトなどを参考にしています。

河出新書 066

子(こ)どもを壊(こわ)す食(しょく)の闇(やみ)

二〇二三年一〇月二〇日 初版印刷
二〇二三年一〇月三〇日 初版発行

著者 山田正彦(やまだまさひこ)
発行者 小野寺優
発行所 株式会社河出書房新社
〒一五一－〇〇五一 東京都渋谷区千駄ヶ谷二－三二－二
電話 〇三－三四〇四－一二〇一［営業］／〇三－三四〇四－八六一一［編集］
https://www.kawade.co.jp/
マーク tupera tupera
装幀 木庭貴信（オクターヴ）
印刷・製本 中央精版印刷株式会社

Printed in Japan ISBN978-4-309-63161-5

河出新書